KB137198

통영-한양 이은 **'조선 고속도로'**

통영로

초판 1쇄 발행 2017년 4월 25일

저자 최헌섭
펴낸이 구주모

편집책임 김주완
표지 서정인
편집 이종현
유통·마케팅 정원한

펴낸곳 경남도민일보
주소 (우)51320 경상남도 창원시 마산회원구 삼호로38(양덕동)
전화 (055)250-0190
홈페이지 www.idomin.com
블로그 peoplesbooks.tistory.com
페이스북 www.facebook.com/pepobooks

이 책의 저작권은 **도서출판 해딴에**에 있습니다.
이 책 내용의 전부 또는 일부를 사용하려면 반드시 허락을 받아야 합니다.

ISBN 979-11-955537-4-7 (03980)

이 도서의 국립중앙도서관 출판예정도서목록(CIP)은 서지정보유통지원시스템 홈페이지(http://seoji.nl.go.kr)와
국가자료공동목록시스템(http://www.nl.go.kr/kolisnet)에서 이용하실 수 있습니다. (CIP제어번호 : CIP2017008804)

통영-한양 이은 **'조선 고속도로'**

통영로

차례

충청북도

경기도·한양

들어가는 글

동기

조선시대 10대 간선도로인 통영로 옛길 걷기를 구상한 것은 한창 경남 지역의 역로를 찾아 걸을 때였다. 벌써 여러 해가 지났지만, 조선시대 창원도호부를 중심으로 펼쳐진 자여도에 속한 역을 잇는 옛길을 찾아 걷고 〈자여도〉(2010)를 내고 났을 즈음이었을 것이다. 길을 걸으며 조사한 지 여러 해가 되었지만, 늘 제 자리에서 답보 상태인 일상을 벗어나고 싶었다. 그런 심정으로 탈출구를 마련한 것이 통영로와 통영별로 옛길 걷기였고, 마침 나처럼 작은 변화를 찾던 이들이 기꺼이 길벗으로 나서 주어서 왕복 이천리 길이 외롭지 않았다.

이 글은 지난 2011년 3월부터 2014년 10월까지 '통영로 옛길을 되살린다'는 기치로 통영로와 통영별로를 걷고 경남도민일보에 연재한 글 가운데 통영로만 먼저 실은 것이다. 통영로 옛길 걷기는 옛글과 고지도를 통해 경로를 확인하고 그 길을 되짚어 걸으며 되살리고자 나선 걸음이다. 2011년 3월 5일에 시작한 통영로 옛길 걷기는 연재가 끝나기까지 한 달에 한두 번씩 걸어 한양을 돌아 세 해 뒤 늦은 가을에 원래 출발점인 삼도수군통제영의 본영으로 회귀하였다. 직장생활의 짬을 내어 걷다 보니 한 달이면 될 일을 3년 반이 넘게 끌었다.

통영로

통영로는 임진왜란을 겪은 조선 정부가 바다 방어의 중요성을 깨닫고 수도인 한양에서 삼도수군통제영이 있는 통영을 오가기 위해 연 길이다. 조선시대 10대 간선도로 가운데 제5로이며, 통제영으로 이르는 길이라 통영로라 불렀다. 이 길은 다른 간선도로와 달리 별로를 두었다. 제6로인 통영별로 또는 통영일로라 불린 길을 따로 두고 두 개의 경로를 운영한 것이다. 이 책에 소개할 길은 제5로인 통영로다. 그 경로는 한양에서 문경까지 동래로를 공유하고, 문경 유곡역에서 분기하여 상주-성주-고령-창녕-함안-고성을 거쳐 통영에 이른다. 〈대동지지〉에는 조선시대 말엽에 이르러 죽령을 넘어 봉화-문경 방면의 길을 이용한 것으로 나와 있지만, 이 책에서는 다루지 않았다.

통영로와 통영별(일)로는 조선 시대에 한양을 기점으로 삼았던 10대 간선도로 가운데 경남 통영의 통제영에 종점을 둔 도로다. 조선시대의 간선도로가 대개 하나의 경로만 두었던 데 비해 통영로는 별로를 운용하고 있다. 경로가 둘이라는 두 배의 고행은 외려 동선에 대한 고민을 덜어주어, 삼도수군통제영의 본영을 출발하여 한양의 남대문을 돌아 다시 원점인 통영으로 회귀하는 방식으로 걸었다.

사사

이 책은 많은 이들의 도움에 빚지고 있다. 삼도수군통제영 세병관 앞마당에서 장도를 내디딜 때부터 동행해 준 길벗 조규탁 선생과 손홍일 선생, 그 일을 널리 알려준 김훤주 기자를 비롯하여 사정이 허락할 때마다 동행해 준 아내와 답사계절 회원들과 한양 입성을 함께 한 원성진 선생 등등 이분들의 도움이 없었다면 혼자 해내지 못했을 것이다. 또한 이 글은 경남도민일보에서 지면을 내주지 않았다면, 책으로 묶어지기 어려웠을 것이다. 이 모두에게 감사드린다.

2017년 입춘절 두류재에서

최헌섭

경상남도

01

통영-한양 이은
조선 고속도로에 첫발을 딛다

통영로 옛길 되살리기에 나서다

오늘2011년 3월 5일 경남도민일보 창간 11주년에 부쳐 지난 10주년에 약속했던 통영로統營路 옛길 복원을 위한 대장정 기사를 설레는 마음으로 보고한다. 통영로는 임진왜란 이후 바다 방어의 중요성을 깨달은 조선 정부가 당시의 수도 한양에서 삼도수군통제영이 있던 통영까지 이르는 길을 열고, 그 길을 일컫던 이름이다. 이번 통영로 답사는 통영의 통제영을 출발하여 경상북도 문경 유곡역에서 동래로東萊路·속칭 영남대로와 만나 문경 새재조령를 넘어 서울로 이른다. 다른 길로는 통영별로統營別路·일명 통영일로(統營一路)가 있다. 이 길은 한양에서 전라남도 해남으로 이르는 삼남대로를 따라 내려오다가, 전주 삼례역에서 분기하여 임실 남원 운봉 함양 산청 진주 고성을 거쳐 통영에 이른다. 오늘 내딛는 이 첫걸음은 통영로와 통영별로 옛길을 옛글과 옛 지도를 통해 복원하고, 그것을 되짚어 걸으며 그 길을 되살리는 데 목적을 두고 있다.

통제영

통제영統制營에 대한 개관은 〈여지도서〉 통제영 성지에 다음과 같이 잘 정리해 두었다. "성은 돌로 쌓았고, 둘레는 장으로 재면 1,193장, 자로 재면 무려 11,730자나 되고, 보로 계산하면 2,346보가 된다. 높이는 장으로는 1장 반, 자로는 15자이다. 성가퀴는 707첩이다. 남문은 2층의 누문이고, 동·서문은 각 1층이며, 북문은 동서에 암

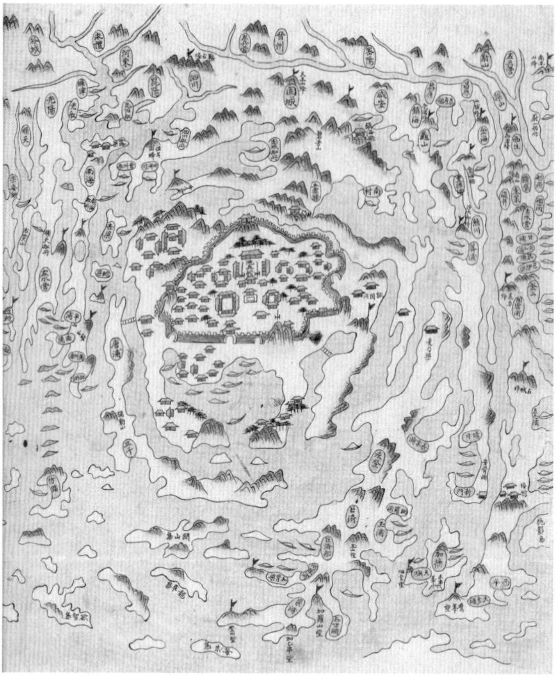

〈해동지도〉에 나오는 통제영

문을 두었으나 누는 없다. 동·서·북쪽에 포루 세 곳이 있다. 원문 2층 누각이다. 원문으로부터 왼쪽과 오른쪽은 바다에 닿아 있는데, 돌을 쌓아 막은 성채의 왼쪽은 길이 151보, 높이 13척, 오른쪽은 길이 202보, 높이 13척이며, 통제영으로부터 북쪽으로 10리 거리이다. 못은 하나는 남문 안에 있는데, 길이는 22보이고 너비는 10보, 깊이는 3척이다. 다른 하나는 북문 안에 있는데, 길이는 10보 너비는 7보 깊이는 3척이다. 또 다른 하나는 운주당 동쪽 아래에 있는데 길이 15보 너비 7보 깊이 4척이다"고 했다.

통제영을 나서다

통제영의 북문을 나선 길은 미월고개 아래의 한정골에 있던 열무정閱武亭 터에서 북서쪽으로 길을 잡아 원문고개로 오른다. 갈림길에 있었던 열무정은 지금의 장대마을에 있었는데, 효종 임금 7년1665에 40대 통제사 유혁연이 한정골 기슭에 세운 것이다. 그 앞뜰에서 군사를 훈련시키고 해마다 두 번씩 한산무과를 보였다고 한다. 그 뒤 헐어진 것을 정조 9년1785에 다시 세웠으나 1900년 무렵에 무너져 지금은 없어졌다. 〈여지도서〉 통제영 공해에는 "열무정은 동문 밖에 있는 시사試射하는 곳"이라 했다.

이곳 열무정 옛터에서 원문고개로 이르는 길가에는 여러 곳에 빗돌이 세워져 있어 옛길을 헤아리는 잣대 구실을 하고 있다. 통제사길이라 불리던 옛길은 지금의 국도 보다 낮은 산자락을 따라 열렸다. 옛길이 북신동 쪽으로 열리지 않은 것은 당시에는 그곳이 내만을 이루는 바다였기 때문이다.

통영로 옛길 걷기가 끝난 지난 2014년 10월 통영 무전동에서 삼도수군통제사의 비석 24기가 발견돼 세상을 놀라게 했다. 그 중 주인공이 확인된 비석은 11대 통제사 이의풍의 사적비와 140대 통제사 이방일의 거사비다.

통제사길에서 발견된 통제사 선정비들

원문고개를 지나 구허역에 들다

원문고개 아래의 원항마을에는 1841년에 세운 통제사 서유대徐有大를 기리는 마애비가 있다. 마을 이름이 된 원항轅項은 원문고개의 다른 표현이다. 원轅은 원문을 항項은 고개의 다른 말인 목을 적기 위해 한자의 뜻을 빌려 그리 적은 것이니 마을 이름은 바로 그 고개에 있던 원문에서 비롯한 것이다.

원문고개는 이곳에 통제영으로의 출입을 통제하는 원문이 있어 그런 이름이 붙었다. 원문轅門은 군영으로 드는 문을 이르는 것으로 지금의 검문소와 비슷한 기능을 가졌다. 옛 기록에 "군의 북쪽 10리에 있다. 숙종 8년1682에 통제사 원상元相이 쌓았다 문에는 이 층의 누각이 있었으나 지금은 없어졌다"고 나온다. 원상은 161대 통제사이고, 문루의 이름은 공진루라 했다.

영조 18년1742에 송징래宋徵來 통제사가 원문의 좌우로 성가퀴 각 10첩을 쌓았으며, 정조 9년1785에는 이방일 통제사가 증축하고 원문창을 세웠다. 성은 관문성에서 일반적으로 보이는 구축 방식을 따라 고개의 양쪽에 날개처럼 쌓았다. 송징래는 『영조실록』 53권, 17년1741 2월 1일 기사에 "송징래를 통제사로 삼다"고 했으니 통제사로 부임한 그 이듬해에 성가퀴를 쌓았음을 알 수 있다. 성의 규모와 통제영에서의 거리에 대해서는 앞서 살펴본 바와 같다.

이 마을을 지나면 향교가 있는 죽림 마을인데, 그 이름은 죽림부곡에서 비롯한 것이다. 〈신증동국여지승람〉 고성현 고적에 "죽림부곡이 현 동쪽 40리에 있다"고 나온다. 뒤에 죽림수竹林戍를 두어 수자리를 세웠다. 이곳 죽림리에는 청동기시대의 지석묘가 군집해 있고,

옛 질그릇 조각들이 곳곳에 흩어져 있어 마을의 유래가 예사롭지 않음을 일러 준다. 옛길은 향교 앞으로 열렸는데, 통영향교는 1900년에 진남군이 고성현에서 분리될 때 세워졌다. 향교 앞에는 하마비와 1903년에 세운 관찰사 이재현李載現의 불망비가 있다.

죽림에서 양촌마을을 지나 구앳재를 넘는 길이 옛길이다. 이곳으로 길이 열린 까닭은 구릉을 안고 도는 평지는 간석지였기 때문이다. 고개를 넘어서면 효부 배씨의 빗돌을 봉안하고 있는 빗집등을 지나 고개 아래의 주막촌을 지나 구허역이 있던 노산리 본촌마을에 든다. 이곳 노산리 본촌마을에는 '큰돌'이라 불리던 많은 수의 지석묘가 있었으나 경지정리에 의해 모두 유실되었다.

02

길은 모습만 바꾼 채
아직 마을을 잇고 있었다

구허역을 나서 한티를 넘어 도선원에 들다

통영로 둘째 날 여정은 바다를 메워 만든 죽림신도시에 있는 통영 시외주차장에서 옛 구허역에 이르는 구앳재를 넘으면서 시작한다. 이곳 구앳재는 수자리 서던 옛 죽림수가 있던 곳인데, 지금은 대전-통영간 도로를 만들면서 없어졌는지 찾을 수가 없다. 일제강점기에 만든 '국유림실측도'에는 분명하게 나와 있는데도 그렇다. 처음 이 구릉에 올랐을 때 눈에 든 돌무더기가 바로 죽림수려니 여기고 잠깐 흥분했었는데, 자세히 관찰해보니 최근에 채석한 돌을 방치해 둔 것이었다. 구앳재에 서니 죽림신도시와 호수 같은 구허포, 구허역이 있던 광도면 소재지인 노산리가 눈에 들어온다. 예서 사위를 둘러 오늘의 여정을 가늠하고 구허역을 향해 고개를 내려서 구허역 옛터로 이른다.

구허역

구허역은 지금의 광도면 소재지인 노산리에 있었던 전통시대의 역원이다. 그 자리는 마을숲 뒷자리 즈음이었을 것으로 헤아려진다. 그것은 〈신증동국여지승람〉 고성현 역원에 "구허역은 현 동쪽 30리에 있다"고 나오기 때문이다. 바로 이곳에 구허역이 있었고, 그 이전에는 구허부곡이 있었다. 앞의 책 고성현 고적에 "구허부곡이 현 동쪽 30리에 있다"고 했다. 같은 책 고성현 산천에는 "구허포가 현의 동쪽 30리에 있다"고 했으니 이 포구를 통해 바다로도 오갈 수 있는

통영시 광도면 노산리에 있는 구허역 터 전경
이곳은 통영로가 지나는 곳이며 동시에 구허포가 있어 당시 수륙교통이 발달한 곳이었다.

수륙교통이 결절하는 곳임을 알 수 있다.

〈한국지명총람〉10경남편·부산편 Ⅲ에는 노산리는 옛 구허역이 있던 곳이라 '역말' 또는 '역촌'이라 부르기도 한다고 채록해 두었다. 또한 노산리 남서쪽 들은 '마굿들', '역들', '역둔답', 그 동쪽 포구는 '구허포', 죽림리로 넘어가는 고개는 '구앳재구허치', 마을 뒷산에는 '찰방맷등' 또는 '허방맷등'이라 부르는 찰방 허씨의 무덤이 있다고 채록하였다.

한티를 넘다.

구허역에서 한티로 이르는 길은 산자락을 따라 열려 있다. 지금도 그 길은 시멘트로 포장재만 바꾼 채 농로로서 또한 마을과 마을을 잇는 길로의 기능을 이어가고 있다. 김해 김씨 재실에 있는 김씨 효열각과 그 곁의 조석여 휼민비가 옛길을 일러주는 잣대 구실을 해주고 있어 그리 헤아릴 수 있다. 구허역에서 고성의 송도역松道驛으로 이르는 길은 국도 14호선을 따라 솔고개를 넘지 않고, 관덕리 관일 마을로 들어 한티를 넘는다. 관덕리의 중심 마을인 상촌에는 지석을 갖춘 것과 지석이 없는 지석묘고인돌무덤가 한 기씩 있고, 그 주변에는 고려시대~조선시대에 이르는 질그릇 조각이 흩어져 있어 마을의 유래가 오래되었음을 일러 준다. 예서 한티를 향해 산길을 잡아 오르면 '하짐밭골'이 나온다. 〈한국지명총람〉10에는 이곳에 '산하주막'이 있었다고 채록해 두었는데, 아마도 산 아래에 있는 주막이라 그리 불렀을 것이다. 이 근처에는 '하이때거리'와 '큰나무작골'이 있었는데, 앞의 지명은 솟대의 다른 이름인 화줏대가 세워져 있었던 데서 비롯한 이름이다. 큰나무작골은 커다란 나무를 걸쳐 만든 다리가 있던 골이라 여겨진다.

게서 조금 더 오르면 제법 규모가 큰 관덕저수지가 있다. 그 제방에 올라 바람을 쐬며 지나온 길을 돌아보니 기하학적으로 구획된 농지와 유려한 곡선을 이룬 길이 묘하게 어울려 있다. 예서부터는 본격적인 산길인데, 화창한 날씨에도 그늘이 제공되는 호젓한 길이라 걷기에 더할 나위 없이 좋다. 이 길은 콘크리트로 포장하여 임도로 이용하고 있어 산속 자드락길이 주는 정서는 반감되었지만 지금까지 트인 길을 걷던 것과는 다른 아늑함이 있어 좋다. 이런 분위기에 젖어 저수지 곁으로 난 산길을 따라 걷다 보면 갈림길이 나온다. 바로 그곳에 통제사 구현겸具顯謙의 불망비와 글자가 지워진 마애비가 있어 이리로 옛길이 지났음을 기억하고 있다. 이 비석을 마을 사람들은 구신비라고 부르고 있으나, 정확한 연대나 무엇 때문에, 누구의 것인가에 대한 기록이나 역사에 대하여는 아는 이가 없다. 다만 다음과 같은 전설이 전하여 오고 있다. 구신비라 불리는 이 빗돌에는 다음과 같은 전설이 전해지고 있다.

"조선시대 구 씨 성을 가진 통제사가 모함을 당하여 사약을 받고 죽어 시신을 운구하던 중, 이곳에 이르자 운구가 움직이지를 않

관덕리 관일마을에서 바라 본 한티

아 할 수 없이 하룻밤 야영을 하게 되었는데, 운구하는 책임관의 꿈에 사약을 받아 죽은 통제사가 나타나서 현몽하기를 '나는 억울하게 누명을 썼으며, 역모를 하였거나, 하고자 하는 생각을 한 적도 없다. 따라서 이 바위에다 나의 공적을 기록하고 역적이 아니라, 만고의 충신이라고 새겨 준다면 움직이겠다'라고 하므로 그대로 하였더니 무사히 운구할 수 있게 되었고, 진실이 알려지게 되면 모함한 사람들이 후환이 두려우므로 다시 바위에 새긴 기록을 지워버린 것"으로 전해지고 있다.

바위에 새겨진 기록으로 보아 당시 주인공의 벼슬은 통제사이고, 이름은 구현겸이며, 운구하는 부대명은 일영군一營軍이었다. 위에 소개된 귀신 빗돌의 주인공 구현겸은 제132대 통제사를 지낸 인물이다. 〈영조실록〉 50년 6월 10일 기사에 "구현겸을 통제사로 삼았다"고 나오며, 해직과 관련한 내용은 〈영조실록〉 51년 7월 10일 기사에 "… 전 통제사 구현겸은 신회申晦에게 핍박을 당하여 체직되었고…"라 한 것으로 보아 구신비에 얽힌 전설은 역사적 사실과는 다름을 알 수 있다. 아마 구신비에 얽힌 전설은 구현겸 불망비 곁에 있는 몰자비에서 비롯한 것으로 여겨지는데, 구현겸이 주인공이 된 것은 그 곁에 그의 불망비가 있어 자연스럽게 그리 취해진 것으로 보인다.

이 산길을 따라 넘는 고개가 바로 한티이니, 그것은 큰 고개를 이르는 우리말이다. 〈한국지명총람〉10에는 한티를 달리 한치, 대티, 한탯재, 한티고개라 부르기도 한다고 채록하였다. 지금은 한티를 넘는 길이 임도로 조성되어 말끔하게 포장되어 있지만, 옛길은 불망비에서 곡벽을 따라 고개를 향해 열렸으니 지금과는 선형이 약간 다르다. 오횡묵의 〈고성총쇄록〉에는 이 고개를 "염씨廉氏의 충절각忠節閣에서 2리를 더 가자 큰 고개가 있는데 이름을 한치령이라 했다. 돌 오솔길이 꼬불꼬불했고 고개라 아주 가팔라 마치 하늘에 오르는 듯하기에 가마에서 내려서 걸었다"고 나온다. 그의 표현대로 한치령이라 할 만큼 높고 험한 고개다. 한티에 올라 원산리로 내려서는 길에는 밝고 경쾌한 비발디의 선율이 귓전을 맴돌며 따라 오는 듯한 느낌이다. 아마 청량한 바람과 푸르른 신록이 어우러진 하늘이 주는 시원한 색감이 그런 느낌을 불러오는 것일 거다. 고개를 내려서면 옛 도선원道善院이 있던 원산리院山里 원동마을인데, 원산리는 원동과 오산을 합치면서 그렇게 고쳤고, 원동은 원이 있던 곳이라 그런 이름이 남았다.

03

통영로 옛길은
문화유산의 보물창고

통영로 세 번째 나들이는 든든한 길벗 조규탁 님과 함께 도선원이 있던 도산면 원산리에서 시작한다. 2주 만에 찾은 농촌 들녘의 풍광은 그새 많이 달라진 모습이다. 지난번 답사 때 한둘씩 시작하던 모내기는 벌써 마쳤고, 일찍 모를 낸 논에는 벌써 착근을 하였는지 제법 세를 불린 모가 더없이 푸르다. 길가 옥수수 밭에서는 잘 자란 옥수수를 거두어들이고 있고, 원동마을 마을숲 앞의 밭에는 중년의 부부가 도란도란 이야기를 나누며 다정하게 고구마 순을 따고 있다. 오늘은 이런 전원 사이로 열린 길을 잡아 도선원에서 진태를 넘어 고성의 송도역에 이르는 구간을 걷는다.

도선원에 들다

원산리 원동마을을 도선원道善院의 옛터로 헤아릴 수 있는 근거는 〈신증동국여지승람〉에서 구해진다. 이 책 고성현 역원에 도선원이 현의 동쪽 20리에 있다고 했으니, 〈고성총쇄록〉에 도선점으로 나오는 바로 그곳이다. 원터에는 지금도 고려~조선시대의 기와조각과 질그릇 조각이 흩어져 있고, 주민들은 예전에는 이곳에 우물도 있었다고 전해 준다. 도선원이 있던 곳은 원동마을 남쪽의 한치 들머리가 되니, 그 위치로 보아 고성에서 통영으로 가는 길손들에게 쓰임이 많았을 것이다.

이곳 원터에서 원동마을로 이르는 어귀에는 2기의 지석묘가 남아 있다. 주민들이 전하기로는 원래 이곳에는 10기 정도가 있었는데, 경지정리 때 묻어버렸다고 한다. 지금도 마을 어귀에 남아 있는 지석묘 곁에는 소박한 안내판을 세워 두었는데, 소가야국 당시의 것이라 적었다. 하지만 지석묘는 청동기시대에 유행한 무덤의 형식이므로 이 지석묘는 소가야 탄생의 기반이 된 앞 시기의 것이라 해야 한다.

원동마을숲

이 지석묘에서 원동마을 쪽으로 바라보면, 잘 보존되고 있는 마을숲이 있는데, 지금도 숲 한가운데 있는 느티나무가 당목으로 대접받고 있기 때문이다. 마을숲은 한자로 동수洞藪라 적고, 수를 따로 읽을 때는 '쑤'라고 한다. 주로 앞이 트인 마을에서 수구막이로 조성한 것이며, 바로 원동의 마을숲도 그런 예라 할 수 있다. 원동 마을숲은 마을 회관 남쪽에서부터 진터 가까이까지 띠를 이루며 조성되어 있다. 숲을 구성하고 있는 수종은 느티나무와 느릅나뭇과로 여겨지는 활엽수 위주이며, 소나무도 한 그루 섞여 있다. 마을숲이 조성된 시기를 헤아릴 수 있는 자료는 없다. 다만 마을 어귀에 세운 원동마을유래비에는 지금의 마을이 형성된 때를 1,600년 무렵 진양 정씨가 정착한 시기로 전하고 있어 그 뒤의 어느 때에 조성된 것으로 짐작할 뿐이다. 하지만 숲을 이룬 나무의 수령을 헤아리자면 그보다는 상당한 시간이 지난 뒤에야 동수가 조성되었을 것으로 보인다.

이곳 원동마을은 옛적에 도선부곡이 있던 곳이다. 〈신증동국여지승람〉 고성현 고적에 도선부곡이 현 동쪽 20리에 있다고 했다. 이 책에 이미 고적으로 분류되었으니 그 전1481년에 이미 부곡은 없어 졌음을 알 수 있다.

원동마을숲

남촌

원동에서 오산으로 이르는 길은 마을 앞으로 열려 있다. 이 길의 남쪽에는 작은 구릉이 하나 있는데, 마을에서는 이를 일러 진터라 부른다. 바로 이곳은 〈여지도서〉 김해진관고성현 관애에 실린 남촌이다. 이 책에 "남촌南村은 현의 동쪽 20리에 있다. 광해군 6년1614 갑인에 처음 현의 남쪽 도선에 진을 설치했다. 11년1619 기미에 현 동쪽 적진포통영시 광도면 덕포리 앞바다에 소모진을 이설하니 저절로 남촌이라 부르고, 별장을 파견하여 지킨다"고 나온다. 같은 책 진보에 "남촌진 별장은 무인으로 9품이다. 진무 15인, 지인 7인, 사령 12명은 노군을 겸한다"고 했다. 위의 기록으로 보면, 이곳 원산리 진터는 광해군 6

원동마을에 있는 지석묘

년에 설치된 지 불과 5년 만에 현의 동쪽 적진포로 옮겨진 것으로 전한다. 그래서 〈대동여지도〉에는 적진포가 있던 광도면 덕포리에 남촌을 표시해 두었다.

적진포로 옮겼다는 남촌은 소모진召募陣으로 사람들을 불러 모아 훈련시키는 훈련소의 기능과 함께 유사시 병력을 모아서 전투를 하는 곳이다. 이를 헤아릴 수 있는 기록은 〈선조실록〉에서 찾을 수 있다. 선조 39년1606 6월 27일 기사에 "경자년1600 완평 부원군 이원익李元翼이 남쪽 변방을 체찰할 때 실변과 연병을 중히 여겨 울산·동래·창원 세 곳에 소모진을 설치하고서 원근의 사람들을 불러 모은 다음 신역을 견감시키고 양료를 지급, 각기 별장 1원을 두어 거느리게 하였습니다. 구제하여 완전하게 하고 장려해야 할 것은 모두 파격적으로 했기 때문에 시행한 지 수년 만에 일에 두서가 있게 되어 사람들을 모아 조련한 것이 자못 볼 만한 것이 있었습니다"고 했으니 이 내용을 통해 소모진의 기능을 헤아릴 수 있다.

고성 송도역에 들다.

원동과 오산을 오가는 길은 옛 관도인데, 바로 이 길의 남쪽남촌진 남쪽 밭에서는 청동기시대 사람들이 수렵에 사용했던 돌살촉이 채집된 적이 있다. 또한 그 뒤의 구릉에는 중세 이후에 조성된 무덤이 여럿 무리 지어 있고, 남촌진을 지나 오산으로 가는 길가에는 칠성바위라 불리는 지석묘가 있다. 경지정리 때 많이 없어지고 지금은 3기만 남아 있지만, 이 일대가 선사시대 이래의 취락이었음을 알 수 있게 해준다. 옛길은 바로 이곳으로 지나는데, 지석묘의 동쪽 골짜기에는 조선시대 전기에 분청사기와 백자를 구운 사기막이 있어 이 일대가 선사시대 이래로 인간생활이 집중된 곳임을 일러준다.

원산리 오산마을에서 고성 경계의 고갯길을 넘어 고성의 남쪽 경계에 있는 월평리에 든다. 이 고개를 일러 마을 사람들은 진태고개라 부른다. 〈고성총쇄록〉에 진치陣峙라 했으니, 고성에서 남촌진으로 가는 고개라 그런 이름이 붙었다. 고개는 태가 티고개를 이르는 말인 줄 모르고 붙인 말이다. 이 구릉을 넘나드는 고개는 일종의 단층처럼 함몰되어 있는데, 바로 이리로 옛길이 열렸다.

구허역에서 송도역으로 이르는 옛길은 이곳 월평리까지 지금의 국

고성 송학동 고분군은 가야시대 고자국 지배층의 무덤으로 알려져 있다.

도 14호선과 많이 떨어져 있는데, 그것은 옛길이 지름길을 택하여 마을을 이었기 때문이다. 월평리의 국도 14호선 양쪽의 거의 모든 밭에는 옥수수를 키우고 있고, 길가에는 밭에서 바로 수확한 옥수수를 내다 파는 가판이 펼쳐져 있다. 월평리에서 서쪽으로 길을 잡아 신월리에서 지금의 국도 14호선과 합쳐져 그 길을 따라 고성에 든다. 옛 지도를 보면 고성읍치의 남산 남쪽에 읍창을 겸한 제민창이 그려져 있다.

〈대동여지도〉에는 고성읍성의 남쪽에 있는 남산의 남동쪽으로 고개를 넘어 송도역으로 이른다. 송도역 가는 길에 고성읍에 들어서면서 작은 재를 넘게 되는데, 그 양쪽 구릉에는 오래된 유적이 있다. 서쪽의 남산에는 삼국시대에 쌓은 것으로 전해지는 토성이 있다. 이 토성의 존재는 일찍이 〈신증동국여지승람〉과 〈여지도서〉에도 실려 있다. 이 두 책의 고성현 산천에는 "남산은 현의 남쪽 2리에 있는데, 옛 성터가 있다"고 나온다. 성은 남산의 정상부위를 따라 쌓은 테뫼식 토성인데, 지금도 성내 곳곳에 삼국시대의 토기 조각과 중세 이래의 도기를 비롯한 자기와 기와 조각이 흩어져 있어 오랫동안 성으로 구실을 한 것으로 헤아려진다.

고개 동쪽의 동외동 당산 구릉에는 유명한 조개더미패총 유적과 그에 딸린 쇠부리터야철지가 있다. 쇠부리터는 가야시대 당시 고자국古自國의 성장 동력을 엿볼 수 있는 자료이며, 이와 함께 외래계 유물이 많이 출토된 것도 특기할 만하다. 외래 유물로는 한나라 계통의 동경과 인문도기, 왜계인 야요이식 토기 등이 출토되어, 당시 활발한 대외관계를 기반으로 성장하였던 고자국의 역동성을 느끼게 해 준다. 이 두 구릉 사이로 열린 고갯길을 지나면 고성읍성이 있던 성내

리로 든다. 성내 삼거리에서 그 서쪽이 옛 고성의 치소가 있던 곳이고, 송도역으로 이르는 길은 게서 북쪽으로 향한다.

송도역에 이르는 노정에는 송학동 고분군을 지나게 되는데, 경주의 팔우정 로터리에서 보듯 이곳 송학동에도 길가에서 거대한 고분과 맞닥뜨리게 된다. 바로 서쪽의 무기산舞妓山 구릉에 분포하는 무덤들과 하나의 무리를 이루는 것이다. 이 고분군은 옛 고자국 지배층의 묘역으로 알려져 있다. 근년에 조사된 바에 의하면, 무덤은 켜켜이 흙으로 쌓은 분구에 무덤방을 두었고, 무덤의 구조와 부장품에서 왜국 등 주변국과의 활발한 대외교류가 있었음이 밝혀졌다. 무덤이 만들어진 때는 늦은 가야시대인 5세기 후반에서 6세기 전반 무렵이다.

송도역은 읍치의 동북쪽, 지금의 송학리 송학마을에 있었다. 〈신증동국여지승람〉 고성현 역원에는 "현의 북쪽 2리에 있다"고 했다. 일제강점기에 제작하여 근년에 펴낸 〈광복이전조사유적유물미공개도면 Ⅰ -경상남도-〉에 실린 고성군 지형도에는 고성여중고 남동쪽 삼거리에 송도역이 그려져 있고, 마을 이름을 송도동이라 적었다.

송도역

고려시대 산남도의 속역인 망린역望隣驛이 그 전신이었던 것으로 추정된다. 〈대동여지도〉에는 고성현의 동쪽에 그려져 있다. 고려시대에는 남동쪽의 춘원역春元驛을 중계하였고, 조선시대에 이르러 역도가 개편되면서 남서쪽의 구허역을 연결하였다. 이렇듯 송도역이 있던 송도동 일원은 고려-조선시대에 걸쳐 역도가 개편될 때에도 두 역을 중계하는 교통의 결절지대였으므로 그와 상관없이 계속 유지될 수 있었던 것이다. 정조 임금 때에 간행한 〈호구총수〉에는 고성 동읍내에 있던 송도리로 나온다. 이곳 송도역에 딸린 역마와 인원에 대해서는 〈여지도서〉 경상도 고성현 역원에 기마 다섯 필, 복마卜馬·짐 싣는 말 여섯 필, 역리 25인, 사내 종 세 명, 계집 종 한 구口·당시에 계집종은 그리 세었다라 적었다.

04

다랑이 사이 옛길
그림 같은 풍경 선사하고

오늘은 처음 통제영을 나설 때의 길벗 세 사람이 온전히 한 조를 이루어 길을 걷는다. 출발 지점은 버스로 도착한 고성시외버스주차장이다. 주차장을 나서서 옛 송도역 자리를 헤아리고, 저 멀리 보이는 고자국의 수장묘역인 송학동 고분군과 기월리 고분군을 둘러보고 배둔역으로 행선을 잡아 길을 나선다.

송도역을 나서다

송도역을 나선 길은 지금의 국도 14호선과 대체로 비슷한 선형을 따라 북쪽으로 길을 잡는다. 당시 역이 있던 송학동에서 북동쪽으로 바라보이는 넓은 들은 오래전 바다였던 기억을 품고 있다. 대가저수지에서 내려오는 밤내를 대체적인 경계로 그 북쪽은 먼 과거에 바다였을 것이다. 그 근거는 지난번에 살폈던 동외동패총과 고성여중패총, 송도역의 입지 등에서 헤아릴 수 있는 과거 고성 읍내 일원의 토지이용 방식이다. 또한 송학동 무기정에 전해지는 기생 월이月伊의 이야기도 이런 헤아림의 잣대가 될 것이다.

지금의 대평리와 죽계리 일원의 너른 들이 먼 과거에 바다였으니, 옛길은 우산리 쪽의 산자락으로 열릴 수밖에 없었다. 송도역을 나서서 우산리 외우산마을 가까이 길을 잡는다. 지금 고성천이라 부르는 밤내栗川는 고성읍의 오리정五里亭이 있던 곳으로 예전에는 이곳에서 손을 보내고 맞곤 하였다. 이 마을과 대가저수지 사이에는 봉화산275.4m이라 불리는 구릉이 있다. 이곳에 봉수대가 있어 그런가 살펴보니 그 서북쪽으로 3㎞ 정도 떨어진 대가면 양화리의 천왕점天王

岾 봉수가 있던 봉화산 348m을 잘못 표기한 것으로 확인된다. 〈신증동국여지승람〉 고성현 봉수에 "천왕점봉수는 동쪽으로 곡산봉수동해면 내곡리 봉화산에 응하고 남쪽으로 우산봉수통영시 도산면 수월리 봉화산에 응한다"고 나온다.

우산리에서 잘 가꾸어진 마을숲을 지나는 마을 어귀에서 '고성농요창립자명단비'를 만난다. 예전에 이곳에 이와 관련한 전수관이 있었던 걸로 기억하는데, 지금은 상리면 척번정리로 옮겨가고 그 빗돌만 남았다. 고성농요중요무형문화재 제84-1호는 고성지역에 전해오는 노동요로 힘든 농사의 피로를 덜고 능률을 올리고자 불렀다. 농요를 부르던 장소성과 행위성에 따라 들노래 또는 농사짓기 노래라고도 하며, 모내기노래 도리깨소리 삼삼기노래 논매기노래 물레타령 등이 전승되고 있다.

우산리를 지난 길은 뗏골 번디실 장명을 지나 산이랄 것도 없는 사월산101.3m 동쪽 고개를 넘어 두호리 머릿개와 정문동 사이로 길을 잡는다. 두호리 머리개는 기생 월이의 숨은 공로가 전해지는 당항포해전과 관련한 지명이며, 정문동은 이곳 길가에 있는 성산이씨의 효자 정문에서 비롯한 이름이다. 이 길을 지나 소다복치에 이르러 삼락리로 들지 않고, 북쪽으로 곧장 길을 잡는다. 소다복치를 넘어 부곡마을에서 곧바로 북쪽으로 들면 대다복치를 넘어 보전리 소라골을 지나 도전리 명송마을로 나온다. 이리로 길을 잡은 것은 몇 개의 낮은 고개를 넘더라도 그것이 지름길이기 때문이다.

대다복치를 내려서면, 도전리 명송마을 들머리에서 옛길의 지시물인 빗돌을 만난다. 예서 화산리로 곧장 이르게 되는데, 예전에 법수 또는 벅수라고도 부르는 장승이 있었던 까닭에 법수동이라 부르기도 했다. 〈대동여지도〉에는 이곳 화산리에 산성이 있고, 역은 산성의 서남쪽에 그려져 있다. 성산에 이어지는 고개를 우배치牛背峙라 했는데, 이는 진해현과의 경계 가까이에 있는 우비치牛飛峙를 이곳에 잘못 표기한 것이다. 이 지도에 나오는 화산리 산성은 삼국시대에 쌓은 것으로 전해지며, 성은 구릉의 정상 부위를 따라 쌓은 테뫼식이다. 성의 남쪽 비탈에는 삼국시대 전기의 조개더미가 있어 이 구릉 일대가 당시의 취락이었음을 알 수 있다. 화산리를 지나 구만천을 건너 배둔역에 든다.

배둔역

고려시대 산남도山南道의 속역인 배돈역排頓驛에서 유래하여 구한말까지 존속한 전통시대의 역이다. 〈대동여지도〉에는 지금의 화산리에 있는 성산의 남쪽에서 고성만으로 유입되는 마암천의 북쪽 가에 그려져 있는데, 이것이 오류임은 앞서 살펴본 바와 같다.

〈한국지명총람〉에서 배둔리의 지명 연원을 배가 멈춘 형국에서 구한 것은 배둔역背屯驛과 관련된 역사적 사실을 간과한 것이다. 배둔역의 관계성은 고려시대 이래의 해안 교통로를 이으며, 그 동서로는 진해현의 상령역과 고성의 송도역을 잇는다.

배둔리는 이곳에 배둔역이 있었기에 비롯한 이름이다. 고려 적에는 배돈이라 했다. 〈신증동국여지승람〉 고성현 역원에는 "현의 북쪽 27리에 있다"고 했다. 역이 있던 곳은 지금의 배둔리 중심지 일대다. 바로 그곳에는 '박석걸'이란 지명이 남아 있어 길에 바닥돌을 깔았음을 알 수 있다. 그것은 이곳이 소촌도에 속한 관도가 지나는 곳이며, 가까운 곳에 배둔역이 있었기 때문이다.

1916년에 조사한 〈방화산 국유림 경계도〉에는 배둔역이 방화산 남쪽 모퉁이에 자리하고 있다. 이 경계도에는 배둔천을 가운데 두고 북동-남서향의 옛길이 그려져 있으니, 배둔역을 나선 길은 방화산의 남동쪽에서 배둔천을 건너 북동쪽을 지향한다. 바로 회화농공단지 남쪽에서 진북면 오서리로 이르는 울빛재[우비치]로 길을 잡은 것이다.

울빛재로 이르다

배둔역을 나선 길은 배둔천을 건너 울빛재로 이른다. 회화농공단지가 있는 반곡에서 봉동리 들머리까지는 봉오로와 옛길이 비슷한 선형이라 그 길을 따라 걷는다. 예서 봉동리 금봉산골에서 울빛재에 이르는 길은 옛길의 자취가 많이 남아 있어 그림 같은 길을 걷게 된다. 지금의 봉오로야 도로의 경사를 줄이기 위해 산자락을 따라 꾸불꾸불 돌아들지만, 옛길은 금봉촌 재말골을 거슬러 불문곡직 고개를 향해 가장 짧은 길을 잡아 오른다. 바로 옛길의 경제학을 추구했

어신리에서 본 울빛재

음이다. 와우산190.8m과 호암산308.7m 사이의 함지땅인 어신리는 사진에서 보듯 그림 같은 전원 풍경을 선사한다. 우리는 다랑이 사이로 난 옛길과 잇닿은 울빛재에 올라 오늘 여정을 맺는다.

무기정과 기생 월이

옛 송도역이 있던 배후 구릉에는 무기정舞妓亭이라 불리던 정자가 있었다. 기생이 춤추는 정자라는 이름을 가졌으니 기생이 주인공이 된 이야기 하나쯤 전해질 법하다. 이 지역에는 임진왜란 당시 당항포 해전의 숨은 주인공 기생 월이月伊의 이야기가 전해지고 있다. 월이는 당시 무기정 가까이에 있던 술집에 속한 기생이다. 월이는 임진왜란 전에 이곳 해안 일대를 정찰하던 일본의 첩자가 술집에 들렀을 때, 그가 작성하여 휴대하고 있던 지도를 빼내어 당항포 일원의 바다를 수남동과 이어지게 표시하여 지금의 고성군 동해면과 거류면, 통영을 섬으로 둔갑시켜 버렸다. 첩자는 이 사실을 모르고 다음 날 본국으로 돌아가고, 이듬해인 임진년1592 6월 5일 당항포 앞바다에 수십 척의 일본 전함이 나타나 우리 수군과 일전을 치르게 되었다. 이때 일본 수군은 지난해 첩자가 작성한 지도에 근거하여 당항포 앞바다를 거쳐 고성 쪽으로 밀고 들어 왔다. 이에 우리 수군은 마산합포구 진전면 창포리와 고성군 동해면 내산리의 곶串을 차단하고 당항포로 압박해 들어와 당항포 해전을 승리로 이끌었다. 그래서 당항포 일원에는 당시의 해전으로 생성된 지명이 곳곳에 남아 있다. 머릿개

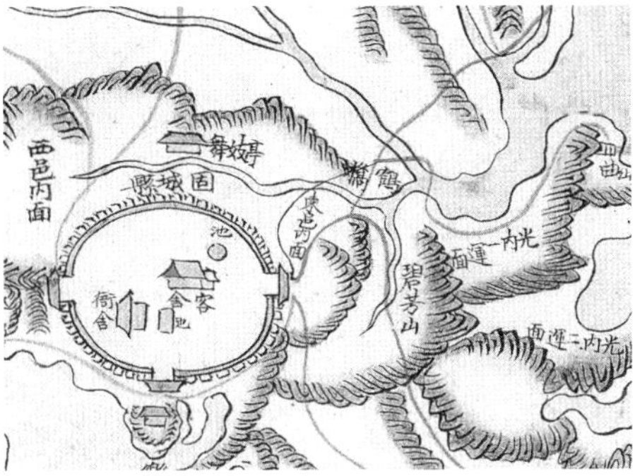

해동지도 속 고성 옛 지형과 무기정

인 두호頭湖나 두포頭浦는 당시 해전에서 패한 일본 수군의 머리가 떠밀려 왔다 해서 지어진 이름이고, 그 아래의 속싯개는 왜군들이 속았다고 그리 부른다고 전해진다.

이 이야기의 사실성은 증명하기 어렵다. 다만 이와 비슷한 이야기가 남해의 관음포에도 전해지고 있어 살펴본다. 그것은 바로 유성룡의 바보 아제인 유치숙柳稚叔에 관한 이야기다. 서애 선생의 가계에 그런 분이 있었는지는 알 수 없지만, 유치숙은 자신의 신분을 감추기 위해 바보 행세를 하며 지냈다. 그러던 중 임진왜란이 발발하기 몇 해 전에 남해 일원의 지형을 정찰하기 위해 조선에 온 일본의 첩자가 남해에 들렀을 때, 그를 술에 취하게 한 뒤 지도를 몰래 빼내어 관음포에서 그 너머의 설천면 비란리 해안을 바다로 표시하여 설천면과 고현을 섬이 되게 만들었다. 뒤에 이 지도를 바탕으로 작전을 펴던 일본 수군은 관음포와 가칭이고개 아래서 궤멸하니 이것이 바로 노량해전이다. 가칭이고개는 일본 수군이 여기서 갇혀서 궤멸한 곳이라 그렇게 불린다고 전해진다.

05

아는 듯 모르는 듯 옛길은 개발에 자취 잃어가고

우해를 지나다

이번 여정은 고성현과 경계를 이루는 울빛재에서 상령역과 진해현을 지나는 구간이다. 이미 지난 호에서 살펴본 바와 같이 전통시대의 길은 지금의 국도 14호선과는 판이하다. 옛길은 배둔에서 고성 회화면 당항리-봉동리-어신리를 지나 울빛재에서 마산 진전면 임곡리로 이른다. 이 구간은 지금이야 중심 교통망에서 벗어나 한적한 시골 마을이 되었지만, 그래서 옛길의 정서를 느끼며 걸을 수 있었다. 오늘은 울빛재에서 첫걸음을 뗀다. 울빛재를 내려서면 곧바로 국도 14호선과 만나게 되어 갑자기 전통시대에서 21세기로 떨어진 느낌이다.

울빛재를 넘다

울빛재우비치·牛飛峙는 지금도 그러하지만 예전에도 고성과 진해현창원시 마산합포구 삼진 일대의 경계를 이루던 고개였다. 진해의 옛 이름은 우해牛海인데, 우산牛山 남쪽에 바다를 끼고 있어 그런 이름이 붙었다. 우해의 우리말은 '쇠바다'이고 우산은 '쇠뫼'다. 이것이 동쪽을 뜻하는 살사라를 훈차 표기한 방위 지명인지에 대해서는 좀 더 따져볼 필요가 있다. 단순한 방위 지명이라면, 배둔이나 고성의 동쪽이라 그리 불렀을 터이지만, 이 고개와 가까운 회화면 삼덕리 남진마을에 오래된 쇠부리터가 있기에 그리만 볼 수는 없다. 우비치를 우리말 뜻으로 읽으면, '쇠날재'가 되니 그렇다. 고고학도인 필자는 이 고개 가까

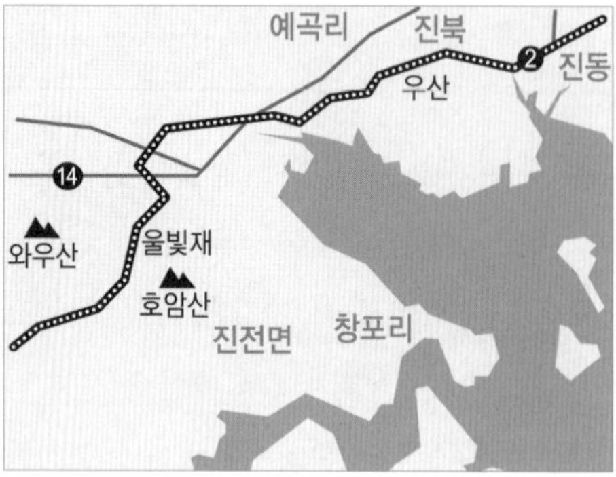

운 고성 삼덕리 남진마을에 쇠부리터가 있어 고개의 이름이 쇠가 나는 고개라는 뜻을 취하기 위해 그리 적은 것은 아니려나 싶기도 하다. 앞으로 유적과 지명 등 여러 측면에서 연구해 볼 필요가 있을 것이다.

울빛재는 오서리의 외우산外牛山과 이명리의 호암산虎岩山 사이의 낮은 고개인데, 이 고개를 내려선 길은 오서리와 이명리 사이로 나온다. 이 일대에는 오래된 유적이 즐비하다. 오서리와 곡안리의 고인돌무덤과 돌널무덤이 충적지에 널리 분포해 있고, 이와 이어지는 구릉에는 삼국시대의 고분이 떼 지어 분포한다. 진전면 소재지인 서대마을 배후에는 삼국시대에 쌓은 오래된 성이 있고, 오서리 탑곡산 아래의 탑곡에는 고려시대의 탑재가 널브러져 있는 절터가 있다.

울빛재를 내려선 길은 구릉과 충적지의 점이대를 따라 열렸을 것으로 헤아려진다. 해안과 가까운 충적지는 얼마 전까지도 바다의 영향을 받아 염생습지성 식물이 군락을 이루고 있는 간석지여서 길을 열기 어려웠을 것이기 때문이다.

그런데 진해현과 고성 배둔 사이를 오간 길은 우리가 지났던 구간 외에 오서리와 남진리 사이의 고개를 넘기도 했던 모양이다. 〈고성총쇄록〉에는 오횡목이 함안에서 고성으로 부임할 때의 노정이 권

씨 집성촌인 오서리 죽곡촌에서 고개를 넘어 남진동을 거쳐 배둔으로 향했다. 그가 이 길을 택한 까닭은 "세속에 전하기를 부임행차에 지나면 좋지 않다 하므로 마지못해 서쪽 길을 따라"갔다고 했다.

상령역

엄저점이 있던 암하를 지나 밤티율치·栗峙를 넘으면 상령역常令驛이 있던 지산리에 든다. 이곳 밤티 남쪽 바닷가 마을인 율티리 염밭마을은 우리나라 최초의 어보인 〈우해이어보〉의 산실이다. 지금 그곳 바닷가 마을은 그런 사실을 아는지 모르는지 어디서도 그런 자취조차 찾을 수 없고, 율티리 일대는 공장이 들어서면서 옛 경관을 잃어가고 있다.

상령역 전경

암하에서 밤티를 넘는 길가에는 지금도 오래된 빗돌이 있어 이곳이 옛길임을 일러주고 있으나, 어인 영문인지 요즘 지도에는 조치라 적혀 있다. 이 고개는 낮지만 교통 지리상으로 매우 중요한 곳이었기에 이 고개와 덕곡천 일대는 한국전쟁 때 동진하는 북한군을 막아 치열한 전투가 벌어졌다. 고갯마루에는 이를 기리는 전적기념비가 세워져 있다. 고개를 내려 진북면 소재지인 지산리 상림에 들면, 이곳이 바로 상령역 옛터다. 역터로 헤아려지는 곳은 상림이라 불리는 마을숲 일원인데, 아마 이곳의 쑤수·藪는 역에 딸린 숲으로 조성되었을 것이다. 이 숲은 느티나무, 팽나무, 개서어나무 등의 활엽수를 주종으로 하며, 가운데에는 한 그루의 참나무가 섞여 있다. 마침 우리 걸음이들이 이곳을 지날 때는 맹하의 기세가 드셀 때였는데, 숲 아래에서는 주민들이 한가롭게 더위를 식히고 있었다. 아마 옛 역수가 가진 기능의 하나도 이러하였을 터이다. 이 역은 고려시대 산남도에 속한 28역 가운데 하나였다. 당시의 이름은 상령常寧이었으며, 조선시대에 이르러 진주 문산읍 소재의 소촌도에 딸린 상령역常令驛이 되었다.

진해

옛 진해현鎭海縣을 향하는 노정은 상령역을 나서서 동쪽으로 길을 잡는다. 진해현의 사직단이 있던 사동리 들머리에서 길가에 세운 정려를 거쳐 사동리를 지나면 곧바로 현의 치소인 지금의 진동리에 든다. 이곳의 옛 진해는 먼 청동기시대부터 사람들에게 삶터를 제공

창원시 마산합포구 진동면사무소 안에 남아 있는 진해현 동헌

해 왔는데, 최근 이루어진 택지개발에 따른 발굴조사에서 당시 사람들이 만든 경작지와 수로, 다종다양한 무덤이 드러나 이 일대가 진동만을 중심으로 하는 해양세력의 근거지였음을 알게 해 주었다.

옛 진해현성은 바닷가 충적지에 세운 네모난 평지성이다. 이 성에 관한 기록은 〈문종실록〉 원년 9월 경자에 "진해현읍성은 둘레가 1,325자 4치이고, 여장 높이 3자, 적대 6, 문 3, 옹성 2, 여장 382, 우물 2이다"고 실려 있다. 기록에는 전하지 않지만 일제강점기에 제작된 지적도에 성곽의 바깥에 두른 해자와 옹성이 나타나 있다. 성내의 시설물로는 순조 32년1832에 현감 이영모李寧模가 세운 동헌 등의 관아가 옛 진동면사무소 경내에 남아 있고, 1980년대 초에 불 탄 객사의 주춧돌이 삼진중학교 교사 앞에 남아 있다. 관아 밖 길가에는 역대 현감들의 선정비 16기가 남아 옛 시절을 기억하고 있다.

지적도를 살펴보면, 옛길은 남문과 동문, 서문으로 열렸던 것으로 여겨진다. 상령역 쪽에서 접근한 길은 남문을 통해 들어와 각각 서문과 동문을 통해 함안과 창원으로 통했다. 이곳 현성의 동쪽 성뒤들에서는 조선시대의 도로가 발굴되었다. 도로는 태봉천옛 동성천·東城川의 영력으로 발달한 범람원의 배후습지를 통과하는 구간에 두었다.

진동리 조선시대 도로 ©경남발전연구원 역사문화센터

아마 범람원 내의 자연 제방과 구릉을 잇는 도로가 열렸을 것으로 보이는데, 확인된 구간은 배후습지를 통과하기 위해 돌을 고르게 깔아 침하를 막는 공법을 취했다. 길바닥에는 잔자갈과 흙을 깔았으며, 바닥에는 수레와 사람이 오가면서 가라앉은 자국이 관찰된다. 도로의 진행방향은 동문을 나서서 자연제방을 따라 개설된 길이 이곳에서 배후습지를 통과하여 구릉과 충적지의 점이지대를 따라 동쪽과 북쪽으로 이르는 분기점으로 향한 것으로 여겨진다.

우해이어보 이야기

옛 진해는 우리나라 최초의 어보인 〈우해이어보牛海異魚譜〉의 산실이다. 이 책은 조선 후기의 유학자 담정潭庭 김려1766~1821가 신유옥사에 연루되어 진해 율티리 염밭마을에 유배 와 1803년 9월에 지은 것이다. 정약전의 〈현산어보〉보다 11년 앞선 우리나라 최초의 어보다. 제목으로 쓰인 우해는 넓게는 옛 진해의 앞바다를 이르고, 좁게는 진동면 고현리 우산 앞바다를 이른다. 진동 서남쪽의 고현 뒷산이 우산牛山이니 그 앞바다를 그리 부른 것이다. 이어보異魚譜라 했음은 서울 출신 유학자의 작가적 시점이 잘 반영된 것으로 그가 이곳 우해에서 본 모든 고기는 다 신기해 보였을 것이다. 그래서 이어라 했을 테고, 보라 했으니 그 고기들에 관한 족보 정도로 이해하면 될 듯싶다.

그는 옛 진해현의 진동면 율티리 염밭마을에서 유배 살면서 보수 주인집의 열두어 살 난 사내아이를 데리고 근해에 나가 고기잡이와 그 생태를 관찰하기를 즐겼는데, 서문에 이 저술은 훗날 귀양살이가 풀리면 고향에 가서 유배지에서의 풍물을 얘기하며 즐기기 위해 지은 것이라 술회하였다. 본문에는 문절어를 비롯한 53종의 물고기, 바닷게 등 갑각류 7종, 조개 5종, 고둥 6종 등 모두 72종에 대한 해설과 당시 진해의 풍물을 노래한 우산잡곡 39수가 실려 있다.

이 책이 가지는 가치는 무엇보다 우리나라 최초의 어보라는 데 두어진다. 아울러 당시 남해안 지역 어패류의 명칭과 방언명, 별명 등의 기재를 통해 언어학적 가치와 각종 바다 생물의 생태, 그 포획 방법, 가공법 등에서 읽을 수 있는 생태학, 어로민속학, 식품학적 가치 또한 뛰어나다 할 것이다. 특히 이 책에서 일명 가방어라고도 하는 방어의 일종인 양타를 잡는 어뢰魚牢 또는 어조魚條를 소개한 부분은 지금의 어살어사리·어전(漁箭)에 대한 19세기 초기의 생생한 증언인 것이다. 바로 이것은 우리가 죽방렴竹防簾이라는 이름으로 부르고 있는 전통시대 함정어법의 실상을 이해할 수 있는 단서를 제공하고 있다.

06

개발에 묻힌 옛길
걷는 이 눈에는 스산한 풍경으로

오늘은 동행이 늘었다. 글쓴이와 매달 같이 답사를 다니는 임경남 회원이 부군과 함께 길을 나선 것이다. 오늘 걸음은 옛 진해현의 치소가 있던 진동리에서 장터를 둘러보는 것으로 시작한다. 이곳 진동은 미더덕 산지로 유명하다. 미더덕은 물에서 나는 더덕이란 이름을 가진 바다 생물인데, 날로 먹기도 하지만 된장찌개나 갖가지 찜에 넣어 먹는 남해안의 대표적인 향토음식이다. 지금이야 여름철이라 구경조차 할 수 없지만 봄철에 이곳을 찾으면 갯내 가득 머금은 상큼한 미감을 즐길 수 있다.

한티 가는 길

진동을 나선 길은 국도 79호선과 비슷한 선형을 따른다. 바로 이 길이 옛 통영로를 덮어쓰고 있기 때문인데, 이곳에 길이 열린 지리적 배경은 남북으로 발달한 긴 구조곡에서 말미암은 것이다. 북쪽으로 한티를 향해 길을 잡아 나선지 얼마지 않아 마산운전면허시험장을 동쪽에 두고 걷게 되는데, 이곳에서는 청동기시대에서 철기시대로 이르는 시기의 유물이 출토된 바 있다. 이 유적을 중심으로 한 주변에는 이 보다 앞선 청동기시대의 유적이 즐비하다. 지난번에 살펴본 진동유적을 비롯하여 신촌리와 망곡리 일원에도 이 시기의 유적이 곳곳에 분포해 있고, 그 유적군의 가까이에는 삼국시대의 유적이 자리하고 있어 이 일원에서 청동기시대 이래로 인간 생활이 집중되었음을 알 수 있다.

면허시험장을 지난 길은 연동마을을 거쳐 망곡리를 지나게 되는

데, 이 일대에는 먼 지질시대의 공룡 발자국 화석이 곳곳에서 관찰된다. 바로 그 기반암이 중생대에 생성된 퇴적암으로 이루어져 있기 때문이다. 망곡리를 지난 길은 부평마을을 거쳐 추곡리 외추마을을 지나는데, 이곳에서는 폐교를 다시 꾸며 쓰고 있는 삼진미술관을 만난다. 미술관을 지나 대티리 괴정마을 들머리에는 큰 느티나무 정자가 있어 마을 이름이 예서 비롯했음을 헤아릴 수 있다. 이제 대티리에 들었으니 이 정자에서 다리품을 쉬면서 한티로 오를 채비를 한다. 한티 들머리의 마을은 대현大峴이니 이제 고개가 지척임을 일러준다. 이곳 대현 마을 초입에는 경주 김씨 3대 효자각이 있어 이리로 옛길이 지났음을 알겠다. 예서 한티로 이르는 길은 국도 79호선의 확장공사가 진행되고 있어 걸음이의 눈에는 살풍경으로 다가온다.

한티

한티는 창원시 마산합포구 진동면과 함안군 여항면의 경계에 있는 큰 고개다. 당시 진해와 함안의 경계를 이루던 이 고개는 '한티', '한치限峙', '대티', '대치大峙'라고도 한다. 모두 큰 고개를 뜻하는 한티에 대한 다른 표기다. 이 고개에는 가야가 신라에 병합되고 난 뒤 일본의 침입에 대비해 쌓은 대현관문성大峴關門城이 있어 옛길을 헤아리는 좋은 잣대가 된다.

대현은 낙남정간의 파산巴山·649.2m과 생동산生童山·720.3m사이에 있는 고개로서, 남쪽의 해안 지역과 북쪽의 낙동강 유역을 오가는 길이다. 이 고개의 교통로로서의 중요성은 이미 〈함주지〉에서 지적된 바 있다. 이 책 산천에는 "대현이 군성 남쪽 25리인 파산과 생동산의 사이에 있다. 가운데에는 대로가 있어서 남쪽으로 진해와 통한다. 옛날에는 관문석성이 있었는데, 아직 터가 남아있다"고 전한다.

이 고개는 〈함주지〉에 실린 뒤 오랫동안 그 존재를 드러내지 않

여항면 외암리에서 본 한티

다가 2000년 3월 필자에 의해 다시 발견되었다. 이 책에서 말한 관문석성은 대현의 양쪽으로 전개되는 마루금에 조성되어 있어, 그 입면은 마치 기러기가 날개를 펼친 모습이다. 성을 만든 때는 〈일본서기〉 흠명기 22년561년의 "일본에 대비하여 신라가 아라 파사산波斯山에 성을 쌓았다"고 한 기사에 근거할 때, 561년 무렵으로 볼 수 있다. 성을 쌓은 때가 아라가야가 신라에 영속된 뒤이므로 축성의 주체는 신라이며, 축성 목적은 〈일본서기〉에 나오는 대로 바다로부터 침투해 오는 일본에 대비하기 위한 것이다. 이 기록은 성곽이 축조되면서 고개를 넘나드는 교통로도 아울러 정비되었음을 시사하고 있다.

함안읍성 가는 길

예서 북쪽으로 이르는 길은 한티-태평원太平院-이음원梨陰院-함안읍성에 드는 길이다. 한티 가까이에는 위의 관문성과 아울러 고개 바로 아래에 태평원이 있었다. 그 내용은 〈함주지〉에 "태평원은 군성의 남쪽 25리 되는 병곡리 대현촌에 있었는데 없어진 뒤 복구하지 않았다"고 나온다. 그 자리는 여항면 외암리 원지골로 헤아려진다. 거기서 북쪽으로 함안을 향해 18리를 더 가면 이음원에 이른다. 〈함주지〉에 "이음원은 군성의 남쪽 7리 되는 상리의 와요동瓦窯洞에 있었는데 없어진 지 이미 오래되었다"고 했다. 대개 지금의 강명리 들머리 어디쯤에 있었던 것 같으나 정확한 위치는 알기 어렵다. 예서 함안으로 이르는 길에는 작은 내가 여럿 있었는데, 상남 즈음에서 널나무로 만든 판교를 지나고, 봉성 들머리에서 장명교를 건넜다.

봉성 옛길

전통시대 함안군성과 진해현성 사이의 길은 지금의 국도 79호선이 확·포장되기 이전의 선형과 비슷한데, 이곳에서 발굴된 조선시대 관도가 그것을 뒷받침해 준다. 도로가 발굴된 곳은 함안면 봉성리 마을숲 남쪽 '숲위들'의 봉성리 1호 지석묘 동쪽이다. 조선시대의 관도는 국도 79호선 아래에서 드러났는데, 이것은 지금의 도로가 옛길을 덮어쓴 확고한 사례다. 옛길은 여항에서 함안면 일원에 발달한 하성충적지의 길이 방향을 따라 조성되었다. 노폭은 약 5.2m 정도이며, 길가에는 돌을 줄지어 쌓아 가장자리를 구획하였으나 쓸려나간 곳이 많다. 조사자들은 이 길의 연원을 먼 청동기시대에서 구하

함안 봉성동 조선시대 도로 ©경남발전연구원 역사문화센터

고 있는데, 그 근거는 봉성리와 봉촌리 일원에 분포하는 지석묘에 두고 있다. 즉 이 시기로부터 인간의 이동에 의해 자연스럽게 생성 발달한 길을 정비하여 사용한 것이 봉성동에서 발견된 도로로 발전하였다고 보고 있다.

07

곳곳에 선 빗돌
이정표 되어 옛길 이끌고

어령을 넘어 칠원으로

오늘은 답사계절 회원의 차량 봉사로 출발지인 함안까지 수월하게 이동했다. 이곳에서 조선시대 함안군의 치성이 있던 자취를 살펴보지만, 겨우 민가의 담장으로만 남아 있을 뿐이다. 그나마 그 자취를 더듬어 볼 수 있는 곳은 구릉에 의탁한 서쪽 성벽인데, 일정상 함성중학교 안에 옮겨져 있는 자료들만 살피고 길을 나선다.

함안읍성

이 성은 함안면 소재지에 있는 비봉산飛鳳山·101.5m 자락과 그 아래의 들판에 걸쳐 쌓은 평산성식 읍성이다. 중종 임금 때인 1510년에 처음 쌓았고, 1555년에 고쳐 쌓을 때 북쪽을 넓혔다. 처음 쌓은 평면은 방형이고, 북쪽을 늘려 쌓으면서 장방형이 되었는데, 지금도 그런 자취를 살필 수 있다. 성은 거의 다 무너지고 헐렸지만, 동성벽과 남성벽이 민가의 담으로 이용되면서 남아있고, 서성벽도 흔적이 남았다.

〈함주지〉 성곽에 전하기를 "군에는 처음에 성지가 없었다. 1510년의 삼포왜변 때 웅천 등의 성이 함락되니 나라에서 군으로써 바다에서 멀지 않은 곳은 석성을 쌓도록 하여 둘레 5,160자, 높이 13자, 옹성 3, 곡성 10을 갖추었다. 뒤에 1555년에 또 왜변 때문에 다시 군성을 고치니 둘레가 7,003자가 되었다"고 나온다. 이 책에는 관련 시설로 504개의 치성와 동·남·북의 문이 있는데, 문밖에는 현교가 있어

유사시에는 다리를 들어 적의 침입에 방비했다. 성안에는 75개나 되는 우물이 있어 가물더라도 마르지 않았다고 전한다. 위에서 치라고 한 것은 그 수로 보아 타라고도 하는 여장을 이르는 것일 테고, 기실 치는 위에 곡성이라 한 10개를 갖춘 것으로 보아야 할 것 같다. 옹성이 세 개인 것은 동·남·북의 문에만 두었기 때문이다. 또한 드는 다리인 현교가 있다 했으므로 성 밖에 해자를 둘렀음을 알 수 있다.

칠원으로 가는 길은 성산성 아래의 무진정까지는 지금의 국도 79호선과 비슷한 선형을 따른다. 조선시대에 후기에 만들어진 〈해동지도 -함안-〉와 〈조선후기지방도 -함안군-〉에 그렇게 나온다. 함안읍성의 북문을 나선 길은 곧게 뻗은 길을 따라 북쪽으로 이르는데, 얼마지 않아서 괴산리 봉밖마을에 든다. 마을 이름은 북문밖을 그리 이르는 듯한데, 이곳에는 먼 과거에 세운 것으로 헤아려지는 선돌 두 기가 길 양쪽에 서 있다. 짝을 이룬 것이니 남녀를 형상한 것이려니 여겨지지만 마을 쪽 선돌이 차에 치여 지금은 외톨이가 되어 버렸다. 선돌을 지나면 길가 논둑에 규모가 큰 고인돌 한 기가 자리를 차지하고 있는데, 선돌과 고인돌은 이곳으로 오래된 길이 지나고 있음을 일러주는 잣대 구실을 우직하게 해내고 있다.

이수정과 무진정

고인돌을 지나 성산성사적 제67호 아래에 닿으면 호수라기엔 작은 연못가 비탈에 잘 지은 무진정無盡亭·경상남도 유형문화재 제158호이란 이름의 정자가 있다. 이수정이라 불리는 이 작은 습지는 함안천이 이곳 지협에서 흐름이 막히게 되어 생긴 것인데, 이를 경관요소로 잘 활용하고 있는 것이다. 이곳 이수정 가에는 충노대갑지비忠奴大甲之碑와 부자쌍절각父子雙節閣 등 많은 기념비가 세워져 있어 이곳이 교통의 요충지임을 잘 드러내고 있다.

무진정은 조삼趙參 선생의 덕을 기려 조선 명종 22년1567에 후손들이 선생께서 기거하던 곳에 정자를 짓고 그의 호를 따서 이름을 삼았고, 무진정이라 쓴 편액과 기문은 주세붕 선생께서 쓰고 지었다고 전해진다. 지금의 건물은 1929년에 중건한 것이지만, 조선 전기의 정

함안천의 흐름이 막혀 생겨난 작은 습지 이수정
위쪽에 위치한 무진정은 조삼 선생의 덕을 기리고자 후손이 지은 정자다.

자 형식을 잘 보여주고 있어 건축사적으로도 중요한 자료다.

고지도를 살펴보면 이수정을 지나는 길은 대체로 지금의 함안천과 나란한 선형으로 열려 있고, 가야와 검암 사이의 벌판은 들이 넓어 대평大坪이라 적었다. 함안천이 몸을 불리는 산인면 송정리에는 이현을 넘어온 길과 통영로가 만나 사거리를 형성하는데, 옛 지도에는 사거리점四巨里店이라 적어 두었다. 아마도 목마른 길손들이 이곳에 들러 갈증을 삭였겠지 싶다. 사거리점을 지나 함안천에 놓인 냉천교冷泉橋를 통해 내를 건넌다. 이름을 보아하니 가까이에 찬샘새미이 있었던 듯한데, 요즘 철에 우리 같은 걸음이들에게 한 바가지의 물은 그야말로 감로수다.

산인 송정리에서 칠원으로 이르는 길은 지금의 1021번 지방도가 덮어쓰고 있다. 송정리를 지나 부봉고개 들머리에서 길가에 나란히 서 있는 두 기의 빗돌과 마주하게 된다. 그리 오래된 것은 아니지만 이 역시 길을 일러 주는 잣대다. 이 가운데 효자 다물의 빗돌은 지금으로부터 60여 년 전에 세운 것이고, 부봉고개 서쪽 무덤가에는 2기의 고인돌이 있다. 이 가운데 도로 가의 것은 도로 공사 때 옆으로 밀쳐진 듯 상석이 떠 있다. 이 고개 마루에도 세운 지 오래지 않은 두 기의 빗돌이 있어 가히 함안은 비석의 고장인 듯하다.

어현

부봉리를 지나 운곡리에서 함안 산인면과 칠서면의 경계에 있는 어현於峴에 오른다. 이 고개는 달리 어령於嶺 또는 도적치盜賊峙로 불리기도 했다. 지금은 도둑이란 말을 꺼려서 비슷한 음가의 도덕고개라 부른다. 함안 칠원과 산인의 경계를 이루는 고개인데, 조선시대에는 함안군과 칠원현의 경계를 이루는 자연지리구에 있던 고개였다. 지금의 도로는 싸리재 쪽으로 가까이 나 있지만, 옛길은 운곡리에서 곧장 어령마을로 이르는 지름길을 택했다.

이 고개는 〈경상도지리지〉 함안군 사방계역에 동북쪽으로 칠원현 경계인 어이현於伊峴과 21리 300보 떨어져 있다고 하며, 여기서는 어이현이란 이름으로 나온다. 지금의 이름인 도덕고개는 조선시대 말엽에 그린 〈조선후기지방지도 -칠원지도-〉에 도적치라 한 데서 비롯한 것이다. 어현을 넘는 고갯길이 가진 중요성은 이 골짜기 양쪽에 축조된 안곡산성安谷山城과 칠원산성漆原山城을 통해서 헤아려 볼 수 있다. 이 두 성의 방비목적은 이 고개를 통하는 교통로를 차단하는데 두어졌을 것으로 보이기 때문이다.

고개를 내려서면 회산리 신산마을에 드는데, 회산천 가에는 고인돌이 원래의 자리를 지키고 있다. 신산마을 배후 구릉에는 가야시대의 고분군이 넓은 범위에 걸쳐 분포해 있고, 정상부에는 산성과 봉수대가 있어 이 길을 통한 교통의 역사가 매우 오래임을 알 수 있다. 이런 까닭에 이 고개가 끝나는 안곡산 자락에는 고려시대부터 운용된 창인역이 자리하게 된 것일 거다.

창인역

함안군 칠서면 회산리 신산마을은 전통시대의 역원취락이다. 고려시대에는 김해의 금주도에 딸린 역이었다가 조선시대에 이르러 창원의 자여도에 배속되었다. 이곳이 역터임은 신산마을의 옛 이름이 창인리인 점과 그 자리가 교통의 결절 지점을 차지하고 있는 교통지리적 위치로 알 수 있다. 역이 자리했던 이곳은 낙동강에서 어현을 넘어 가야읍에 이를 수 있는 교통의 요충지다. 이러한 교통 요충지로서의 입지적 중요성이 인정되어 역이 있는 회산리 신산마을을 에워싸듯 칠원산성, 안곡산성, 무릉산성이 배치되어 있는 것이리라.

이 역은 〈신증동국여지승람〉 칠원현 역원에 "현 서쪽 7리에 있다"고 나온다. 〈무릉지〉 역원에는 "현 서쪽 7리에 있다. 남쪽으로 창원 근주역과 30리, 서쪽으로 함안 파수역과 30리, 북쪽으로 영포역과 20리이다. 대마 1필, 기마 2필, 복마 10필, 역리 42명이다"고 전한다. 〈자여도역지〉에는 "창인역昌仁驛은 자여역 서쪽 60리 지점의 칠원 땅에 있으며, 상등마 1필, 중등마 2필, 하등마 7필, 위전답은 22결 73부 3속이다"고 했다.

창인역이 있던 신산마을에는 최근 소규모 제조공장들이 들어서면서 원래의 역터를 헤아릴 수조차 없게 되어 버렸다.

칠원으로 가는 길에 광려천을 건너면, 용산 구릉 북쪽 자락에 쇠만이라는 마을이 나온다. 마을의 이름은 먼 중생대에 남긴 새발자국 화석이 많이 남아 있는 바위에서 비롯한 것으로 보인다. 지금은 이곳도 공장들이 들어서 있지만, 구석기시대의 몸돌이 채집되기도 하였고, 청동기시대의 조갯날 도끼가 수습된 적도 있다. 바로 앞 경작지에는 여러 기의 고인돌이 흩어져 있어 오래전부터 삶터로 이용되어 온 이력이 만만찮음을 과시하고 있다.

08

낙동강 웃개나루
소통의 참 의미 일깨우고

오늘 동행은 조규탁 님과 둘뿐이라 다른 날에 비해 단출하게 길을 나선다. 마침 길 떠난 날이 칠원 장날이라 일찍 문을 연 장터국밥집에서 돼지 수육에 막걸리 한 잔을 연료 삼아 힘차게 출발하였다. 왁자한 장터를 빠져나오면 칠원초등학교 북동쪽 외곽에서 칠원읍성의 북성벽을 마주하게 된다. 성벽은 근처에서 쉽게 구해지는 엽암頁巖을 두부처럼 반듯하게 잘라 벽돌을 쌓듯 줄눈을 맞춰 잘 쌓았다. 하지만 성벽이 밖으로 불거져 나와 그대로 두었다간 머잖아 무너져 내리고 말 것 같다.

칠원읍성

칠원읍성漆原邑城은 임진왜란 100년 전인 조선 성종 23년1492 12월에 완성됐는데, 당시 규모는 높이 11자에 둘레 1660자였다. 뒤에 나온 〈신증동국여지승람〉 칠원현 성곽에는 둘레가 1595자라 했고, 그 뒤 지지에는 모두 이 규모로 나온다. 〈여지도서〉 경상도 칠원 성지에는 여기에 더해 여첩이 136개, 옹성이 여섯이라 했다.

〈칠원현읍지〉 건치연혁에는 “임진왜란 때 병화에 불타 읍리를 보전하지 못하매 창원부에 속했다가, 만력 정사1617년에 다시 설치했다”고 한다. 규모는 위 기록과 같고 연지가 택승정擇勝亭 아래에 있고, 또한 백화당百和堂 아래에도 있다고 나온다. 객관 남쪽의 택승정은 없어졌고, 진귀루는 진태루鎭兌樓라 했다.

〈대동지지〉 칠원현에는 읍성 규모와 옹성은 위와 같고 우물 하나, 못 하나가 있다 했으며, 누정인 진귀루鎭龜樓와 망궐루望闕樓가 있다

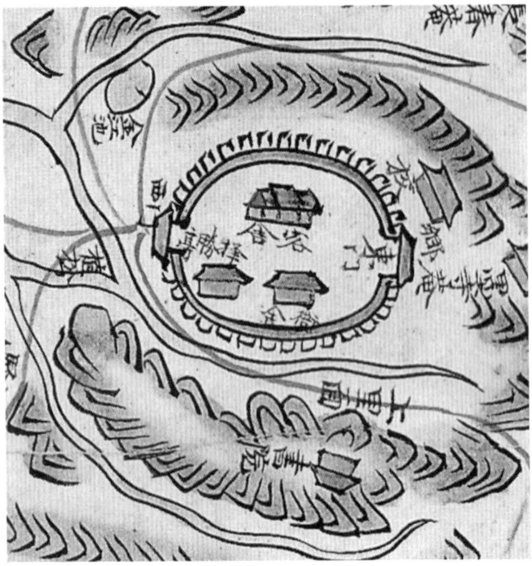

〈해동지도〉에 나오는 칠원읍성

고 전한다.

성은 구성龜城이라 불리는 마을의 충적지에 만든 평지성이고, 평면 형태는 지세를 따랐으므로 서쪽이 넓고 동쪽이 좁은 사다리꼴이다. 주민들이 전하는 말로는 1940년대 만 해도 객사와 택승정과 남문 등이 남아 있었다고 한다. 〈칠원현읍지〉에는 택승정이 없어졌다고 했는데, 주민들의 기억은 이와 다르다.

2003년 소방도로를 낼 때 수행한 발굴에 의하면, 문헌과 고지도에 나오지 않던 북문 터가 드러났고, 조선시대 건물과 담장, 우물, 도로로 헤아려지는 구조물이 나왔다. 문은 지지와 고지도에 나타나지 않던 것이라 했는데, 까닭은 이런 자료가 생산되기 전에 일부러 없앴기 때문이다. 조사에서 드러난 건물은 임진왜란 때의 병화로 불

탄 뒤에 다시 세운 것임을 확인할 수 있었으며, 위치로 보아 객사 남쪽 망궐루일 것으로 헤아려진다. 그것은 객사 남쪽에서 왕의 전패를 모신 곳을 궐로 여겨 대궐을 바라본다는 의미로 지어진 이름인 듯하다.

웃개나루 가는 길

칠원읍성을 나서서 북쪽으로 방향을 잡아 성산 서쪽으로 난 길을 따라 걷는다. 지금은 성산을 무릉산이라고도 하지만, 실제 무릉산은 창원시 북면과 경계를 이루는 산으로 더 동쪽에 있다. 성산이라 불리는 것은 그 위에 가야시대에 쌓았다고 전해지는 산성이 있어 그렇다. 옛 지도를 보면 성산 남쪽 아래에 금강지金鋼池라는 작은 못이 있었는데 지금은 논이 되었다. 금강지가 있던 곳을 지나 성산 자락을 서쪽으로 지고 돌면, 마을 들머리에서 오래된 느티나무를 만난다.

이곳을 지나면 멀지 않은 곳에서 웃개나루상포진·上浦津로 이르는 길은 칠북의 영포역으로 가는 길과 갈라진다. 지금의 칠원 입체교차로 부근인데, 우리는 거기서 북쪽으로 길을 잡아 창고가 있던 천계리 창동으로 향했다.

〈해동지도〉에 그려진 안곡산安谷山 동쪽의 갈림길은 지금의 천계리 창동 근처인데, 지도에는 이룡리와 용성리 사이에 긴 습지가 있고 그 곁에 긴-쑤장수·長藪가 그려져 있다. 옛 지도에 그려진 습지는 칠서농공단지 동남쪽에 있는 지금의 모시벌늪으로 헤아려진다. 늪의 동

남지 웃개나루에서 본 경양대와 칠서 웃개나루

쪽에 조성됐던 긴-쑤는 거의 사라졌는데, 습지의 길이 방향을 따라 조성된 긴 숲이라 그런 이름이 붙었을 것이다.

이곳을 비롯해 대산면과의 사이에 두어 개의 습지가 더 그려져 있고, 거기에도 쑤가 조성되어 있다. 아직 분양도 덜 돼 제대로 이용조차 되지 않는 농공단지를 만들기 위해 희생시킨 자연을 생각하면, 그 조급함에 분노가 치밀어 오른다.

웃개나루

늪과 쑤가 많았던 지금의 칠서농공단지를 지나 계내리의 주세붕 선생 묘역 앞으로 열린 길을 따라 웃개나루가 있던 진동津洞 마을에 든다. 이곳에 서면, 왜 여기에 나루가 두어졌는지 쉽게 알 수 있다. 사행하는 낙동강의 둔치가 잘 발달해 이곳에서 너비가 좁아지기 때문이다. 또 계내리 쪽 웃개나루에는 낙동강 기슭에 큰 바위 절벽이 버티고 있어 쳐내려오는 물살을 막아주기 때문이기도 하다.

나루마을이란 뜻의 진동은 이곳에 있던 웃개나루에서 비롯한 이름인데, 예전에는 상포 우포雩浦 우질포 등으로 다양하게 불리고 적혔다. 우질포향 가까이 있는 나루라 우질포라 했다가, 우포가 되고, 달리 우포雩浦라 했다. 그것은 나루 가까이 있는 경양대에서 기우제를 지냈음을 반영하며, 그것이 소릿값을 취해 웃개로 읽히다가 한자로 상포라 적게 된 것으로 보인다.

상포라 이른 사례는 조선 전기에 기록된 〈한강선생봉산욕행록〉에서 연원을 찾을 수 있다. 웃개나루를 오가던 통영로는 상류에 남지

철교가 놓일 때까지 주요 교통로로 이용되다가, 1931년 착공한 남지 철교가 1933년에 개통되면서 뒷전으로 밀려났다. 웃개나루는 함안군 칠서면 계내리와 창녕군 남지읍 남지리를 잇던 나루인데, 두 곳에서 모두 같은 이름으로 부르며 소통의 참 의미를 일깨워주고 있다.

경양대

〈해동지도〉에는 칠원에서 영산으로 이르는 두 개의 길이 그려져 있다. 그 가운데 하나는 안곡산 봉수대의 동쪽에서 갈라져 칠서면 계내리 진동마을에 있는 경양대景釀臺 곁의 웃개나루를 건너 영산현에 든다. 이곳이 통영로에서 낙동강 하류를 건너는 길이다. 경양대는 우질포 서쪽 낙동강 기슭에 튀어나온 바위 절벽의 이름이다. 〈신증동국여지승람〉 칠원현 고적에 "그 위는 손바닥처럼 편평하여 족히 10여 명이 앉을 수 있다. 고려 때 이인로가 이곳에서 노닐었다"고 나온다. 시와 술을 즐기며 당대의 석학들과 교류했던 고려 무인집권기의 유랑 문인 이인로1152~1220가 노닐었다는 기록과 결부해 보면, 경양대라는 이름에서 질펀한 술 내음이 풍겨 오는 듯하다.

우질포는 이곳에 있던 우질포향에서 비롯한 이름이다. 우질포는 달리 웃개라고도 하는데, 그 이름은 지금도 그리 불리며, 이미 17세기 초엽에 정리된 〈한강선생봉산욕행록〉에도 상포上浦란 이름으로 나온다. 이 글은 한강 정구鄭逑 선생이 동래온천에 요양을 떠나던 일을 제자들이 남긴 기록인데, 그때 한강 일행이 이곳 웃개에서 하루를 묵었으니, 그 또한 이인로의 행적을 좇은 것이리라.

09

소통의 보람·침략의 아픔 그대로 품고 길은 이어진다

우포·누포를 지나다

오늘은 낙동강을 건넌 옛 웃개나루터에서 길을 잡았다. 한 보름만에 길에 서니 눈에 드는 풍경이 많이 변해 있다. 길에서 마주하는 들판은 보기 좋게 황금색으로 물들었고, 가을걷이를 하고 있는 농부들의 힘찬 모습에서 활력을 얻으며 그들처럼 힘차게 걸음을 재촉한다.

웃개나루에서 우포가는 길

낙동강을 사이에 두고 창녕과 함안을 잇는 길은 군사로와 행정로로 구분되어 있는데, 조선시대 후기에 그려진 대부분의 지도에서는 각 군현을 잇는 행정로 위주로 묘사되어 있다. 이처럼 양원화된 모습은 〈대동여지도〉에 가장 잘 나타나 있는데, 이는 앞서 살펴본 바와 같다. 이 지도보다 한 세기 앞서 그려진 〈해동지도〉에는 사람들의 거주지를 잇는 길을 중심으로 그렸다. 이 지도에 근거하면, 낙동강을 건너 영산으로 이르는 길은 도천을 두고 그 앞과 뒤로 오가는 길로 나뉘어 있다. 뒷길은 영포역-밀포-오호리를 잇는 길인데, 바로 이곳은 4대강 사업 구간의 함안·창녕보가 들어선 곳이다. 보의 이름을 지을 때 자기 지역의 이름을 앞에 두어야 한다고 두 지역 간에 실랑이가 있었던 것으로 아는데 역사성을 고려했다면 밀포보로 했어야 옳았다. 앞길은 웃개나루를 건넌 길과 쇠나리송진(松津)를 건넌 길이 나루가 있던 송진 북쪽에서 만나서 영산으로 향한다. 이 길은 도

낙동강가에서 본 쇠나리와 토고개 일원

천천을 따라 영산으로 이르는 선형을 띠고 있어 대체로 지금의 국도 5호선과 비슷하다.

쇠나리

쇠나리가 있던 송진리에는 고개랄 것도 없으리만치 낮은 토고개土峴가 있는데 이 고개를 통하는 길이 영산으로 이르는 관도다. 마을의 이름이 된 송진은 이 고개 서남쪽에 있던 쇠나리에서 비롯한 것인데, 달리 금진金津이라 적기도 했다. 〈해동지도〉 칠원현에는 금진이라 적혀 있다. 한자 송과 금은 동쪽을 뜻하는 우리말 살·사라·새를 적기 위해 쇠 금 또는 소나무 송의 뜻을 빌린 것이니 송진이든 금진이

든 그것은 쇠소나리다. 이 일대에서 큰 나루였던 웃개나루상포 또는 우질포의 동쪽에 있는 나루라 그리 불렀을 것이다.

나루가 있던 곳은 지금은 4대강 사업으로 뜯겨나간 송진 1구옛 창마가 있던 구릉 아래의 냇가다. 이곳에 나루를 둔 것은 큰물을 피할 수 있는 작은 구릉이 있고 계성천이 낙동강으로 드는 곳이기 때문이다. 〈신증동국여지승람〉과 〈여지도서〉에 계성천은 화왕산에서 나와서 남쪽으로 흘러 매포買浦에 든다고 나온다. 〈여지도서〉에 현의 남쪽 15리 칠원현 경계에 있고, 본 현의 부세賦稅를 두는 곳이라 했으니 그것은 바로 나루 서쪽 창마의 조창-터에 있던 창고를 이르는 것으로 여겨진다. 이 나루는 〈여지도서〉 산천 신증에 처음 실린 것으로 보아 이즈음에 밀포에 있던 조창이 이리로 옮겨진 것으로 보인다. 〈해동지도〉 영산현에는 이곳 쇠나리에 진선津船이 있다고 했다.

관음사

쇠나리를 지나 토고개를 지고 도는 좌복산 구릉에는 세운 지가 그리 오래지 않은 관음사가 있다. 이곳에는 일제강점기에 도천면과 부곡면에서 모아 온 여러 점의 불교문화재가 있다. 절 안에 들면 먼저 삼층석탑이 눈에 띈다. 이 탑은 임진왜란 때 폐사된 송진리의 보광사지에서 옮겨 온 것이다. 기단 위에 1층은 옥신과 옥개를 갖추었고 위의 두 층에는 옥개석만 올려놓았다. 탑의 규모가 작아지고 지붕돌의 층급 받침 수가 간략화된 점으로 보아 고려 때 만들어진 것으로 헤아려진다.

관음사 3층 석탑

미륵전 마애불상은 한국전쟁 때 건물이 불타면서 중간에 균열이 가는 피해를 입었다. 그 뒤 오랫동안 땅속에 묻혀 있던 것을 1968년에 다시 파내어 지금의 자리에 모셨다. 이곳에는 화사석이 특이한 석등이 있는데, 보광사지에서 발견된 것을 1928년에 옮겨 온 것이라 한다. 또한 요사채 담장 밑에는 1920년 부곡면 청암리 골짜기에서 일본인 고가 시게루가 반출했던 석종형 부도 1기가 옮겨져 있다.

영산가는 길

앞서 살펴본 대로 고지도에 묘사된 옛길은 도천천의 서쪽으로 열렸다. 이 구간에서 옛길을 헤아릴 수 있는 지표가 되는 것은 연지硯

池·대동여지도에는 천연(穿淵)으로 나옴

와 소산所山 봉수다. 도천천을 따라 북쪽으로 이르던 길은 도천 윗주막골을 지나 연지를 돌아 서쪽으로 길을 잡는다. 〈해동지도〉에는 바로 이 윗주막골과 연지의 서쪽 신제리에 신제지금의 새못라는 이름의 못이 그려져 있고, 그 북쪽 봉산리 배후 구릉에 소산 봉수가 그려져 있다. 마을의 이름을 지금은 한자로 봉산리鳳山里라 적지만, 이곳에 있던 소산 봉수에서 비롯하였으니 봉산리烽山里라 적는 것이 옳아 보인다. 조선시대 후기에 그려진 〈해동지도〉를 비롯하여 〈영산현지도〉와 〈대동여지도〉에는 영산을 지나는 길은 연지의 서쪽으로 그려져 있다. 옛길은 계성면 명리에 있던 일문역一門驛 아래의 일문제지금의 고지소류지 남쪽으로 난 길을 따라 서쪽의 속사고개를 넘는다.

우포·누포가는 길

일문역을 지난 길은 여통산餘通山 봉수대 동쪽의 여통고개를 넘어 창녕 경계에 접어든다. 여통고개를 지금은 남통고개라 하는데, 남통이 여통과 통하는 것은 여餘의 훈이 '남다'이기 때문이다. 옛적에는 이곳이 창녕과 영산의 경계를 이루었는데, 여초리 지경마을의 이름으로 그 자취를 남기고 있다. 〈해동지도〉를 보면, 예서 창녕 읍내까지는 고개 셋과 내 셋을 넘고 건너야 한다. 〈대동여지도〉에는 창녕에서 토천兎川·지금의 토평천을 건너 맥산麥山·창녕군 대지면 모산리 맥산(모산) 남쪽에서 갈림길을 만나는데, 예서 함안의 도흥진에서 낙동강을 건너 곧바로 질러 온 지름길을 만나 누포漏浦를 서쪽에 두고 북쪽으로 향한다. 장기리를 지나 대합면 소재지에 이르면, 그 서북쪽 태백산太白山·합산(合山)이라고도 함에 봉수가 있어 이리로 옛길이 지났음을 일러준다. 산의 남쪽에는 사창이 있었고, 예서 대티大峙를 넘어 현풍과의 경계 즈음에서 대견원大見院이 있던 대견리에 이른다. 남북으로 곧게 설정된 이 길은 임진왜란 때 왜장 흑전장정黑田長政이 이끄는 왜의 제3진이 부산-김해-창원을 거쳐 낙동강을 건너 영산-창녕-현풍을 지나 성주성으로 진격한 경로와 비슷하다. 이렇듯 평화가 깃들 때 문화를 주고받던 길이 전란을 만나면 처절한 살육의 길이 되기도 한다는 교훈을 새기며 오늘은 예서 일정은 접는다.

우포·누포

〈해동지도〉 창녕현에는 우포 일원이 미구지尾仇池, 사지지沙旨池라 나오며, 〈조선후기지방지도〉 창녕에는 목포木浦, 우포牛浦, 사포沙浦, 〈대동

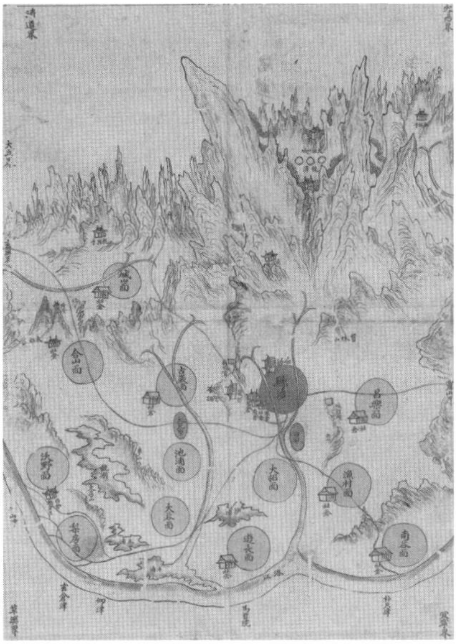

1872년에 제작된 〈창녕지도〉의 우포 일원

여지도〉와 〈대동지지〉에는 누포漏浦로 나오는데 대체로 지금의 우포 일원과 같다. 누포의 샐 루漏는 동쪽을 뜻하는 '살' 또는 '사라'를 적기 위해 한자의 뜻을 빌려 적은 것이니, '쇠' '새'를 적기 위해 쇠 우牛자를 써서 우포牛浦라 적은 것이나 마찬가지다. 낙동강의 동쪽에 있는 큰 늪이라 그리 적은 것일 거다. 이 늪의 이름에 대해 말이 많다. 예전에는 소벌 또는 쇠벌이라 했는데, 일제강점기에 우리말을 말살하기 위해 우포라 적었다는 주장을 하는 이들이 더러 있다. 몇 해 전에 치른 람사르총회 전에 이 지역의 환경운동가들이 중심이 돼 일제의 흔적이니 원래 이름인 쇠벌로 표기해야 한다고 주장했다. 그러나 이것은 이전에 만든 조선시대의 고지도에 우포라는 이름이 실려 있음을 모르고 하는 소리다. 일제강점기에 엉터리 표기로 고쳐진 지명이 많은 것도 사실이지만, 무조건 그 시절에 혐의를 두는 것은 경솔하다.

10

가을을 가로지른 걸음
어느덧 대구에 들다

우포를 지나 경북에 들다

보름 사이에 가을이 깊어졌다. 벌써 가을걷이를 마친 곳이 많고 바지런한 농군들은 벌써 그 논에 내년 늦봄에 거둘 양파를 심었다. 웃개나루를 건넌 통영로는 우포를 지나는 구간에서 군사적 도로로서의 특성을 가장 잘 드러내고 있었다. 바로 창녕과 영산 두 현을 거치지 않고 우포 곁으로 난 길을 따라 현풍으로 이르기 때문이다. 지난번에 걸은 길은 〈해동지도〉, 〈대동여지도〉 등에 묘사된 조선 후기의 역로를 따른 것이니, 우포를 지나던 원래의 길을 개관하고 경북으로 이르는 여정에 나서겠다.

우포를 지나는 길

황새목에서 우포 가는 길

웃개나루를 지나 우포로 이르는 통영로는 곧바로 북쪽으로 길을 잡아 상대포上大浦·웃한개에서 계성천을 만난다. 이곳에는 아랫한개, 당포, 기민개 등 물과 관련되는 지명이 많이 흩어져 있어 예전에는 이 언저리가 물이 성한 곳임을 헤아리게 해준다. 예서 계성천의 서쪽 기숡을 따라 오르다가 황새목에서 1021번 지방도를 버리고 북쪽으로 길을 잡는다. 황새목에서 남지읍을 지나 장마면의 대봉리 가람고개에 이르는 길은 교통량이 적어 걷기에 더할 나위 없이 좋은 외길이다. 가람고개에서 길은 다시 1008번 지방도를 만나 북쪽으로 이르다가 동정리 외양골에서 영산에서 들어오는 국도 79호선과 한데 묶어 유어면으로 향한다.

유어면 광산리에서 턱고개를 넘어 창고가 있던 진창리 진창마을을 지나 이 일대의 중심 마을인 마수원 들머리에서 국도를 버리고 곧장 북쪽을 바라며 선소리 선소船所 마을에 든다. 그 이름으로 보아 하니 먼 옛적 이곳에는 배를 만들거나 고치던 곳이었던 것으로 보인다. 선소가 운영되었으니 그 시절에는 낙동강으로 이르는 물길이 이곳까지 깊숙이 열렸을 터이다. 유어면과 대지면의 경계를 따라 난 길에서는 이제 우포가 눈에 들어온다. 우포의 주 수원인 토평천을 지나서 우포와 사지포를 가르는 제방을 따라 두 늪을 양쪽으로 살피며 걸으니 이런 눈 호강이 없다. 늪에서 빠져나와 주매리 신당리 퇴산리 평지리 등지리를 지나 대합면 소재지에서 지난 여정에서 살핀 옛길과 만났다.

경북에 들다

〈대동여지도〉에서 조선시대에 누포라 불린 우포를 지나면, 물슬천勿瑟川 가에 사창이 있다고 표시해 두었다. 지난번에 살핀 대로 물슬천은 낙동강이라는 큰물의 동쪽에 있는 내를 그리 적은 것이다. 물

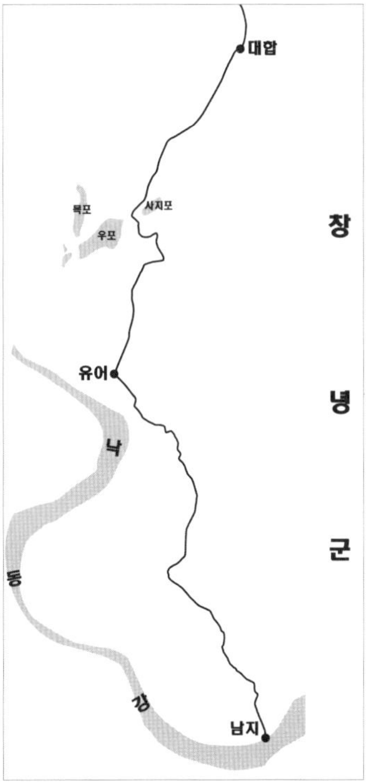

을 적기 위한 통일신라시대부터의 표기법인 물勿과 동쪽을 뜻하는 살 사라를 적기 위해 살과 소리가 비슷한 슬瑟을 취하고, 내를 뜻하는 천을 빌려 쓴 것으로 보이기 때문이다.

물슬천을 지난 길은 성산면과 대합면 경계에 있던 태백산 봉수의 동쪽 길을 잡아 북쪽으로 경북에 든다. 경북과 경남 경계에 있는 달창저수지 남쪽 마을은 대견원大見院 또는 다견원茶見院이라 불린 원집이 있던 대견리다. 이 마을을 지나면 사창이 있던 대구시 달성군 구지면 평촌리 사창마을에 든다. 이곳은 경상도의 남북 경계에 있는 마을이며, 지금도 도로 가에 1923년대정 12에 세운 경계 표석이 서 있다. 표석은 돌을 깎아 만든 방주형인데, 이런 형태의 표석은 일제강점기에 유행한 양식적 특징을 잘 드러내고 있다. 이 마을에서 다리품을 쉴 겸 마을 들머리의 가게에서 깡통 맥주로 목을 축이고 있는데, 마침 이곳에 나와 계신 할머니들이 뭐 하는 사람이냐 물으신다. 통영에서 서울까지 걸어서 가는 중이라 했더니 차를 타면 쉽게 가는데 왜 그런 고생이냐고 타박이시다. 그래서 차비가 없어 걸어간다고 농을 쳤더니 맥주 마실 돈으로

차 타고 가라고 나무라신다. 아무래도 어르신들 눈에는 우리가 하는 일이 잘 받아들여지지 않나 보다.

목을 축이고 다시 길을 서둘러 머잖아 내를 건넌다. 바로 이 내는 예전에 살천薩川이라 불렀던 차천車川이다. 살천이나 차천은 동쪽 내를 한자로 달리 적은 것이다. 살은 동쪽의 옛말을 적기 위해 한자의 소리를 빌린 것이고, 차는 수레의 뜻을 취한 것이며, 천은 내를 한자로 적은 것일 뿐이다. 이 내를 건너 북쪽으로 곧게 난 길을 따라 현풍 들머리의 대치大峙로 향한다.

〈대동여지도〉 17-2에 제시된 노선을 보면, 대치를 넘는 길은 낙동강으로 이르는 직로로 나온다. 이 지도에 따르면 대치는 유가산 줄기가 서쪽으로 뻗어 내린 곳에 있는 것으로 나오는데, 실상은 이름처럼 큰 고개는 아니다. 대치에서 낙동강으로 이르는 이 길은 지금의 국도 5호선이 대체로 덮어쓰고 있어 차량의 통행이 부쩍 늘었다. 지금 이곳 유가면 일대에는 LH공사에서 시공하는 경북테크노폴리스 건설이 한창 진행되고 있어 더욱 부산스럽다. 일제강점기에 길을 정비할 때 도로의 이름을 '대구-통영선'이라 불렀으니 통영로의 명맥을 잇고 있음을 알 수 있다. 이 길을 따라 포산중고등학교 근처에서 대치를 넘으면 대구시 달성군의 현풍이다. 학교의 이름으로 삼고 있는 포산苞山은 조선 태종 13년1413에 이곳에 현감을 두면서 달리 부르기 시작한 유서 깊은 이름이다. 이 고개를 넘고 구천龜川을 건너면 비로소 현풍에 든다. 예전에는 장터가 냇가에 서기도 했었는데, 둔치에 너른 자리가 마련되기 쉽기 때문이었다. 〈조선후기지방도〉 현풍현에는 오늘 여정의 차천과 구천에도 장이 섰다고 표시해 두었다. 구천을 지나 현풍 들머리 냇가에 서 있는 장터가 바로 앞서 본 전통을 잇고 있고, 이곳을 지나면 길가에서 오래된 정자나무를 만나게 된다. 옛 길손들도 예서 다리품을 쉬어 갔을 것이다.

현풍

현풍玄風은 신라의 추량화현推良火縣이던 것을 경덕왕 16년757에 현효玄驍라 하여 양주良州 소관의 화왕군火王郡·지금의 창녕의 영현으로 삼았다. 고려 태조 23년940에 지금의 이름인 현풍玄風 또는 玄豊으로 바꾸고 현종 9년1018에는 밀성군지금의 밀양의 임내로 삼아서 죽 이어지다가 조선 고종 23년1895에 갑오경장을 거치면서 대구부 소관의 현풍군이 되어 지금에 이른다. 그러니 지금은 대구광역시 달성군에 속한 면이지만, 지난 조선시대까지는 창녕 또는 밀양에 딸린 땅이었다.

현풍하면 모두가 곰탕을 떠올릴 정도로 이곳에서 현풍곰탕의 명성은 대단하다. 현풍곰탕은 소꼬리, 양지머리, 우족, 양을 넣고 푹 고은 탕요리로서 황해도의 해주곰탕, 전라도의 나주곰탕과 함께 그 유명세를 견줄 정도로 이 지역을 대표하는 음식이다.

무계진 가는 길

곰탕 냄새를 뒤로하고 읍내를 살짝 벗어나는 서쪽 구릉에는 돌로 쌓은 수문산성水門山城이 있고, 거기서 북쪽으로 몇 리를 더 가면 현풍면 상리 구쌍산에 있던 전통시대의 쌍산역雙山驛 옛터에 든다. 쌍산역

대구광역시 달성군 현풍면의 쌍산역 서쪽 박석진나루에서 본 통영로 모습

은 청도의 성현도省峴道에 딸린 역으로 남북으로 창녕의 내야역內也驛과 대구의 유산역幽山驛을 잇는다. 〈대동여지도〉 17-2에 쌍산역은 소이산所伊山 봉수 동쪽 고개 아래에 봉수와 짝지어 그려 두었다. 이 봉수는 달리 소산所山 봉수라고도 했는데, 〈신증동국여지승람〉 현풍현 봉수에는 "소산 봉수는 현의 북쪽 6리에 있다. 남쪽으로 창녕현 합산合山·태백산에 응하고 북쪽으로는 성주 가리현 말응덕산末應德山에 응한다"고 나온다. 쌍산역에서 소산봉수로 이르는 길은 구쌍산 마을 앞으로 난 얕은 재를 넘고, 게서 서쪽으로 돌아 낙동강 가의 무계진茂溪津으로 이른다.

쌍산역을 나온 길은 무계진까지 낙동강 동쪽 기슭을 따라 열렸는데, 달성군 논공읍 남리를 지나 북쪽으로 상리를 거쳐 위천리에서 낙동강을 건너 무계진에 든다. 바로 이곳 낙동강 가에는 무계역이 있었는데, 무계진은 이 역을 오가는 길손의 왕래를 돕기 위해 운용된 것으로 보인다. 무계역의 북동쪽 낙동강 가에는 말응덕末應德 봉수가 있어 이곳이 교통 통신의 요충임을 일러 주고 있다. 바로 대안에 있는 현풍의 소이산 봉수와 쌍산역과 같은 조합이다.

〈대동지지〉 성주에 무계역은 예전에 무기茂淇라 불렀다고 한다. 또한 무계진 서쪽에 있다 했으니 나룻가에 입지한 것에 주목하고 있다. 이 역은 고려 때 설치된 이래 조선 때까지 유지되었는데, 이처럼 나루 가까이에 있는 역이 역제가 폐지될 때까지 존속할 수 있었던 것은 역이 차지한 자리가 교통의 요충지였기 때문일 것이다.

경상북도

솔티가는 길

11

경제성 잃고 호젓해진 옛길
걷는 이 마음을 다독이고

강정에서 본 낙동강과 고령교

다시 낙동강을 건너다

오늘 걸을 길을 잡아 나선 곳은 낙동강의 흐름이 크게 꺾이는 대구시 달성군 논공읍 위천리다. 이곳은 남쪽으로 흐르던 강물이 고령군 무계리와 박곡리에 공격사면을 형성하며 위천 쪽에 너른 둔치를 만들어 강폭이 좁아져 나루가 자리하기에 알맞다. 이 강기슭에 두었던 나루는 무계진이었는데, 대안에 있던 무계역을 잇는 나루라 그런 이름이 붙었다. 옛 나루는 지금의 중부내륙고속국도보다 더 위에 있었던 것으로 보이는데, 우리는 그 아래 26번 국도의 고령교를 통해 강을 건넜다. 애초에 이 길을 걸었을 때는 참외가 성한 철이라 길가 노점에서 싱싱한 참외로 기운을 돋우며 걸었던 기억이 생생한데, 그 새 벌써 입동이 지났다.

말응덕산 봉수

강을 건너 낙동강 서쪽 기슭에 자리한 강정리江亭里에 든다. 그 이름에서 강가에 정자가 있던 마을이었음을 헤아릴 수 있는데, 임진왜란 전에 입향조인 성봉화成鳳和 공이 강변에 정자를 짓고 학문을 닦은 데서 비롯한 이름이다. 강정리의 낙동강 가에는 두 개의 봉우리를 가진 땅콩처럼 생긴 낮은 구릉이 있다. 봉수대는 그 중 남쪽 봉우리 110m에 두었다. 이곳이 군사시설로 이용된 것은 먼 가야시대로 거슬러 올라가는데, 봉화산 정상에 남은 보루가 그 사실을 일러 준다. 예전에는 이 구릉에서 와질토기瓦質土器·삼국시대 전기에 만들어 쓴 기와질의 질그릇가 채집되었다고도 하니, 이 구릉에서의 토지이용이 무척 오래되었음을 알 수 있다.

봉수대는 남쪽 봉우리에 너비 10m 정도의 자취를 남기고 있지만, 무너진 채 방치되고 있어 형태를 헤아리기 어렵다. 〈신증동국여지승람〉과 〈여지도서〉 등의 옛 지지에는 성주 봉수에 "말응덕산末應德山 봉수는 가리현 동쪽에 있다. 동쪽으로 화원현 성산城山에 응하고, 남쪽으로 현풍현 소산所山에 응한다."고 전한다. 이 봉

수는 바로 북쪽에 무계역이 있어 역과 봉수가 조합을 이룬 예다. 그러나 통영로와 봉수의 진행 방향은 예서 분기하여 길은 성주로 향하고 봉수는 대구를 지향한다,

무계진과 무계역

무계진은 경북 고령군 성산면 무계리의 낙동강 가에 있던 나루다. 바로 이곳에 있던 무계역茂溪驛으로 인해 이 나루를 통해 낙동강을 건너는 노정이 지나게 된 것이다. 그래서 둘은 동반 관계를 가지는데, 옛 지지에도 그렇게 소개하고 있다. 〈신증동국여지승람〉 성주목 역원에는 "무계역은 무계진 동쪽서쪽의 오기에 있다"고 했다. 〈여지도서〉 경상도 성주 역원에는 보다 상세하게 "무계역은 관아의 남쪽 40리 무계진 서쪽에 있다. 동쪽으로 대구 설화역까지 10리이며, 남쪽으로 현풍 상산역쌍산역의 오기에 이르기까지 15리이다. 서남쪽으로 고령 안림역까지 20리이고, 북쪽으로 성주 안언역까지 20리이며, 안언역에서 북쪽으로 성주 답계역까지 30리이다. 대마 2마리, 기마 2마리, 복마 16마리, 역리 90명, 역노 5명, 역비 3명이다"고 전한다.

나루와 역이 있던 무계에서 낮은 당고개를 넘으면 박곡리다. 박곡리는 무계리와 말응덕산 봉수 사이에 있는 마을로서 이곳에는 먼 삼국시대의 고분군이 있다. 고분은 박곡 마을의 뒷산에 분포하는데, 대가야의 국경 마을에 살았던 사람들의 무덤이다. 그 내용은 작은 돌덧널무덤 400여 기와 봉분을 갖춘 구덩식돌방무덤 수십 기로 이루어져 있다. 일제강점기 이래로 도굴의 피해를 극심하게 입었고, 지

금은 수풀만 무성해서 자취조차 찾기가 쉽지 않다. 채집된 토기편을 통해 볼 때 무덤이 조성된 시기는 5세기에서 6세기 무렵으로 헤아려지며, 가까운 신라와 창녕지역과의 문물 교류를 읽을 수 있다.

외곡산을 넘다

박곡리에서 외곡산을 넘어 용암으로 이르는 길은 호젓한 산길이다. 사실 처음 통영로를 걸었던 때는 이곳에서 길을 잘못 들어 송곡리 쪽으로 크게 돌았다. 그날 하필이면 지도를 두고 온 것이 화근이었지만, 몹쓸 놈의 4대강 사업으로 질주하는 덤프트럭을 피해 강변 둑방길로 들어서면서 고개를 에돌아야 했기 때문이기도 하다. 하지만 이런 고생 뒤에는 늘 기대치 않은 보상이 따르게 마련인지라, 중간에 고령 축산단지에서 맛있는 한우로 보양할 수 있었던 것은 행복한 기억으로 남아 있다. 해서 이번 기사에 맞추어 외곡산 노정을 다시 답사하게 되었는데, 아내와 길벗 조규탁 님의 부인과 함께 깊어가는 가을 속으로 떠나는 더할 나위 없는 낭만 여정이 되었다.

외곡산305m은 고령군 성산면과 성주군 용암면 사이에 있는 산으로 그 몸통은 공룡이 살던 중생대 백악기에 만들어졌다. 길가 곳곳에 까마득한 나이를 가진 퇴적암이 드러나 있어 잘하면 그 자취를 찾을 수도 있을 것 같다. 외곡산으로 들어가는 박곡리는 좁고 긴 골짜기다. 길은 마을의 가운데를 흐르는 내를 따라 곧게 열려 있는데, 그 중간 즈음의 박곡지 둑에서 다리품을 쉬며 둘러보는 주변 풍광이 눈을 시원하게 해 준다. 옛길은 저수지에 잠겼을 테니 그 서쪽으

박곡리에서 외곡산을 넘어 용암에 이르는 산길

로 새로 닦은 길을 따라 산으로 오른다. 여기서부터의 여정은 기분 좋게 골바람을 맞으며 바스락거리는 낙엽참나무 이파리을 밟고 걸으니 힐링 워킹치유를 위한 걷기 코스라 해도 손색이 없을 정도다. 길의 경제학에 충실한 옛길이 열린 선형은 대체로 내와 가까운 곡벽을 따른다. 지금은 송전탑을 세울 때 자재를 운반했던 도로로 사용하면서 길을 넓혀 두어 다소 운치는 덜 하지만, 걷기에는 불편함이 없다.

못을 지나 구릉의 8부 능선쯤에 이르렀을 때 갈림길을 만나서 가지고 간 단감을 나누어 먹으며 잠시 숨을 고른다. 서쪽으로 난 큰 길은 임도나 자재 운반을 위한 차가 다닐 수 있는 길이고, 곧바로 정상을 향하는 좁은 길이 옛길이다. 하지만 이 길은 그 위에 있는 무덤까지만 다닐 수 있을 정도여서 그 앞에 떨어져 있는 단감 몇 개만 주워 담고 부득이 발길을 돌려 임도를 따른다. 산을 넘으면 용암면 용계리다. 내를 따라 난 길을 조금 내려가면, 용계지가 나오고 길은 그 동쪽으로 열렸다. 예서 머잖아 905번 지방도와 접속하여 그 길을 따라 신송리를 지나 용암면 소재지에 이른다. 〈대동여지도〉 17-2에는 무계역에서 옛 가리현加里縣을 지나 고개를 넘는 노정이 그려져 있다. 용암에서 성주로 이르는 길은 〈대동여지도〉 17-3에 이부로산伊夫老山 봉수의 동쪽에 있는 별티성현·星峴를 넘도록 그렸다.

12

길은 과거를 이어주고 역사는 다시 반복하고

오늘은 용암면 소재지에서 길을 잡아 안언역-별티-성주에 이르는 길을 걷는다. 지난주만 하더라도 완연한 겨울 날씨를 느낄 수 있었는데, 날씨가 변덕을 부리는 걸 보니 가을의 끝자락을 그렇게 쉽게 놓아 보내기 싫은가 보다. 우리 지역 가로의 은행나무는 아직 노란 이파리를 달고 있지만, 이번 주 통영로 여정이 닿는 북녘 산하의 나무들은 벌써 겨울 차림새를 갖추고, 나무들조차 노골적으로 겨울이라 말하고 있다. 하긴 책상 앞 달력도 마지막 한 장만 남기고 있으니 그럴 때도 되었다.

안언역과 안언역 전투

용암면 소재지인 용암을 지나면 지척에 안언역이 있던 안상언 마을에 닿는다. 안언역은 고려시대 22개 역도 중의 하나인 경산부도京山府道·고려 초기 경산부의 중심은 지금의 성주군 성주면에 해당의 중심 역으로서 당시에는 안언역安堰驛으로 표기했으며, 25개의 속역을 거느렸던 큰 역이었다. 고려시대 경산부도의 범위는 북쪽으로 김천-추풍령-영동-옥천, 동북쪽으로 상주, 서

쪽으로 보은에 이어지는 역로에 걸쳐 있었다. 조선시대에 이르러 김천도金泉道에 딸린 역이 되었고, 임진왜란 이후에 개설된 통영로는 옛 경산부도의 상주로 이르는 길을 따른다.

〈여지도서〉 성주 역원에 안언역이 관아 남쪽 28리에 있다고 나온다. 하지만 같은 책 개령현 지도에는 그 노정이 달리 나타나 있다. 이곳 안언역 일원은 임진왜란 초기인 1592년 7월 9~10일에 정인홍鄭仁弘·1535~1623이 이끄는 의병이 왜군을 크게 무찌른 곳이다. 당시 정인홍 부대의 중위장이던 거제 현령 김준민金俊民·?~1593은 사원동에 매복해 있다가 왜구를 쳐서 크게 무찔렀는데 도망하는 왜군을 성주 경계의 별티까지 추격하여 400인 이상을 죽이고 많은 물자를 빼앗는 전과를 올렸다.

역이 있던 안상언案上彦 마을은 책상 안案에 선비 언彦을 쓰고 있어 과거와 관련되는 지명으로 풀이하고 있으나 차자표기 방식을 고려한다면 안內 언堰에서 비롯한 이름일 가능성이 높아 보인다. 이 마을 들머리에는 조산베기라 불리던 서낭당이 있었는데, 과거에 그 돌이 영험이 있다는 소문이 퍼져 하나둘씩 가져가는 바람에 지금은 그 자취조차 찾을 길이 없다. 아마 앞에서와같이 안상언이란 지명을 이해했기 때문에 빚어진 일이라 여겨진다.

안상언을 지나 두리티재로 이르는 길가에는 숙종~정조 연간에 이 고을의 목사를 지낸 오도일吳道一과 구응具膺의 애민선정비와 현감을 지낸 한덕필韓德弼의 영세불망비가 나란히 서서 이리로 옛길이 지났음을 일러주고 있다. 이 빗돌들을 지나 몇 걸음 더 가니 길가에 려말삼은대제학문충공도은이숭인선생묘소麗末三隱大提學文忠公陶隱李崇仁先生墓所 입구 1.8㎞라 새긴 빗돌이 있다. 선생의 무덤은 용암면 본리 용골소

류지 위쪽 구릉에 자리하고 있는데, 무덤에서 내려 보는 풍광이 시원하다. 도은 선생은 조선 전기 왕권 강화 과정에서 왕권파의 이방원과 신권파의 정도전 사이의 권력 다툼이 있을 때 정도전의 미움을 사서 유배지에서 매 맞아 죽은 인물이다. 고려 말의 혼란기에 그가 읊었다는 행로난行路難이라는 칠언절구는 한미 FTA 강행 처리 등 지금의 복잡한 시국과 묘하게 겹쳐진다. 그래서 모든 역사는 현대사라고 말한다.

行路難 行路難행로난 행로난·길 가기 어렵구나 길 가기 어렵구나

我今一鳴 君一顧아금일명 군일고·내 이제 한번 울면 그대 한번 돌아보소

平時坦道 盡荊棘평시탄도 진형극·평시에 탄탄한 길도 다 가시덤불

白日大都 見豹虎백일대도 견표호·대낮 큰 도시에도 늑대 범들 욱실득실

(이하생략)

성현

안언역을 나선 길은 신천을 건넌 뒤로는 대체로 지금의 중부내륙고속국도와 비슷한 선형을 따라 성주에 이른다. 남성주휴게소 동쪽으로 바짝 붙은 옛길을 따라 작은 재를 넘으면 머잖은 북쪽 선남면과의 경계에서 두리티재를 넘게 된다. 이 고개에서 한 시간 정도를 걸으면 성주 들머리의 별티에 이르게 되는데, 그 중간 즈음인 장학리는 옛적에 주막이 있던 곳이다. 지금도 마을 들머리에는 늙은 나무가 자리를 지키고 서 있다. 이곳 주막 삼거리에서 동북쪽으로는

옛날에 주막이 있었던 장학리에서 본 별티

선남에 이르고 곧장 북쪽으로 가면 별티를 넘는다. 별티성현(星峴)는 성산星山·389.2m 남쪽 기슭에 열린 고개라 그리 부르게 된 것으로 보인다. 바로 이곳은 성산가야星山伽耶의 옛 땅인데, 그 역사적 자취가 이런 지명으로 전해지게 된 것이다. 〈삼국유사〉 기이 오가야에는 성산가야를 "지금의 경산京山으로 벽진碧珍이라고도 한다"고 전한다. 성산은 신라 경덕왕 때 생긴 이름인데 뒤에 벽진으로 고치고, 고려 태조 때 경산으로 고쳤으니 모두 지금의 성주군 성주읍 일대를 이른다.

별티를 내려서면, 성산 기슭에 5~6세기경 성산가야의 지배층 무덤인 성산고분군사적 제86호이 자리하고 있다. 마루금과 비탈에 걸쳐 원형의 봉토분이 빼곡하게 들어서 있는데, 지금까지 70여 기가 호수를 부여받고 관리되고 있으나 원래의 분묘는 수백 기에 이르는 것으로 알려져 있다. 일제강점기인 1918년과 1920년에 일본인 어용학자가 발굴한 1·2·6호분과 성산동대분·팔도분八桃墳을 비롯하여 1986~1987년 계명대학교 박물관에서 38·39·57·58·59호분을 조사하여 유적의 성격은 어느 정도 드러나 있다. 무덤의 구조는 구덩식돌방무덤, 구덩계앞트기식돌방무덤, 구덩식돌방무덤 등으로 파악되었고, 껴묻거리는 토기류, 말갖춤류, 꾸미개류 등 많은 자료가 출토되어 국립대구박물관과 계명대학교박물관에 수장 전시되어 있다. 각 무덤에서 나온 굽다리접시가 경주지역과 유사성을 보이며, 58호 무덤의 유물은 전형적인 신라제품이어서 양 지역의 교류가 활발했음을 알 수 있다.

이곳 별티는 앞서 보았듯 임진년의 왜란 당시 정인홍이 이끈 의병이 왜군을 물리친 곳이다. 별티전투는 앞선 여정에서 살폈던 무계전투와 안언전투 이후 몇 차례의 싸움을 승리로 이끌어 왜의 진격을 저지하기도 했던 곳으로 임진왜란 의병사에서 매우 중요한 위치를 차지하고 있다. 이런 사실에 따라 왜와의 싸움에서 비롯한 지명이 곳곳에 남았는데, 별티 아래의 성산리 시비실승왜곡(勝倭谷)·왜에게 이긴 골짜기 등이 그 자취다. 이 길의 동쪽별티의 동북쪽 성산 정상에는 봉수와 산성이 남아 있어 별티를 통한 교통이 오래전부터 비롯하였음을 일러 준다. 성산봉수는 〈여지도서〉 성주 봉수에 "관아의 남쪽 10리에 있다. 남쪽으로 성주 이부로산 봉수의 신호를 받아서 북쪽으로 성주 각산角山 봉수에 신호를 보내는데 25리 거리이다"라고 나온다. 또한 이 책 도로에는 "성현에서 안언역까지 10리이며"라고 했으나 실제는 18리를 잘못 적은 것이다.

예서 성주까지는 10리 거리인데, 고개를 내려선 성산리 살망태 마을에는 청동기시대에 만들어진 3기의 고인돌무덤이 남아 있어 성주의 선사문화를 이해하는 중요한 자료가 되고 있다. 이곳을 지나 이천伊川을 건너면 옛 성주읍성에 든다. 성으로 들기 전 이천 둔치에는 버드나무 단일 수종으로 조성된 풍치 좋은 비보림이 조성되어 있어 숲을 둘러보며 아픈 다리를 잠시 쉬고 길을 나섰다.

성밖숲

성주읍성 밖에 있다하여 성밖숲이라 불리는 이 숲의 조성 배경은 〈경산지京山志〉와 〈성산지星山誌〉 등의 기록에 다음과 같이 전한다.

성밖숲

조선 선조 임금 때 성 바깥 마을의 아이들이 까닭 없이 죽는 등 흉사가 끊이지 않자 그것이 마을 주변의 족두리바위와 탕건바위가 마주 보고 서 있기 때문이라 여기게 되어 두 바위의 가운데 자리인 이곳에 밤나무를 심어 재앙을 막았다고 한다. 그러나 임진왜란 이후에 마을의 기강이 해이해지고 민심이 흉흉해지자 밤나무를 베어내고 왕버들을 심어 오늘에 이르고 있다. 재앙의 근원이 탕건바위와 족두리바위가 마주보고 서 있기 때문이라고 한 점이나 이를 막기 위해 심은 밤나무가 임진왜란 이후에는 마을의 기강을 흐리게 하였다는 것으로 보아 뭔가 농밀한 이야기가 숨겨져 있을 법하지만 더 살피지는 않겠다.

성주읍성

고지도를 살펴보면, 옛길은 이천을 지나 남문을 통해 성주읍성星州邑城으로 들게 되어 있다. 성주는 성산가야의 옛 땅인데, 신라가 취하여 본피현本彼縣으로 삼았고, 경덕왕 때 신안新安으로 고쳐 성산군에 속하게 했다가 다시 벽진군으로 고쳤다. 고려 태조 때 경산부로 고치고 충렬왕 때 지금의 이름인 성주星州로 고쳐 목으로 삼았다가 군으로 강등시키는 등 부침을 거듭하였다. 조선 태종 때 임금의 태를 조곡산祖谷山에 모시고 목으로 승격시켰다. 〈여지도서〉 성주목 성지에는 원래의 성은 토성이던 것을 중종 15년1520에 석성으로 고쳐 쌓고, 선조 24년1591에 성가퀴 500개를 고쳐 쌓고 해자를 두었다고 전한다.

성안에는 많은 건물이 배치되어 있었는데, 동헌인 백화헌百花軒 앞

쌍도정

에 있던 쌍도정雙島亭을 그린 겸재 정선1676~1759의 그림이 남아 있어 당시의 경관을 이해하는데 도움이 된다. 이 그림은 성주읍성 백화헌百花軒 앞 연못에 둔 쌍도정을 그린 것이다. 성의 한 모퉁이에 연못을 배치하였고, 완전한 방지方池가 아닌 연못 안에 돌을 쌓아 두 개의 섬을 만들어 오른쪽 섬에는 초정草亭을 두었다. 연못 바깥에서 섬과 섬을 잇는 섶다리를 두고, 섬과 연못가에 갖가지 나무를 심었다. 그러나 고고학도인 나의 눈에는 이 그림에서 성주읍성의 성벽이 먼저 눈에 든다. 성의 모서리에 가깝게 붙여 둔 연못도 특이하려니와 조선시대 읍성의 성벽 상부 마무리가 어떠했는지를 알 수 있어 자료적 가치가 크다. 여장을 그리긴 했지만 타를 따로 구분하지 않았는데, 실제로 그러 했다고 보기 보다는 초점이 쌍도정에 맞추어지면서 간과된 것으로 여겨진다.

이 그림에 앞서 을사사화1545에 연루되어 이곳 성주에 유배 온 이문건李文楗·1494~1567이 남긴 〈묵재일기〉에도 성주읍성과 그 주변의 풍광을 헤아려 볼 수 있는 글이 실려 있다. 그 이듬해 2월 9일에 남긴 글에 "날이 저물고 천방川防을 보러 나갔는데, 달빛을 타고 걸어서 백화헌 마당으로 들어갔다. 매화를 감상하는데, 어린 나무는 처음 꽃을 피웠고, 늙은 나무는 이제 한창 꽃을 토해내고 있었다. 가지에 기대어 향에 취했다. 달빛이 밝지 않은 것이 아쉬웠다."라 했다. 이 글에 그가 날이 저문 뒤에 나들이를 간 천방은 상주읍성 바깥의 성밖숲을 이르고, 돌아오던 길에 쌍도정 그림에 나오는 백화헌 앞마당에서 매화 향에 취해 이 글을 남긴 것이다.

이 그림에 묘사된 나무의 수종에 대해 조경 전문가 박정기 선생의 조언을 구했더니, 연못 주변과 섬에 심은 나무는 보는 방향에서 왼쪽 섬에 심은 나무는 소나무와 버드나무, 오른쪽 섬에 심은 나무는 팽나무라 한다. 그리고 섬 바깥에 심은 나무 가운데 왼쪽 아래쪽에 보이는 나무는 매화나무, 오른쪽 아래쪽의 것은 벽오동, 섶다리 옆에는 소나무와 함께 배롱나무가 심어져 있는 것 같다고 한다. 그렇다면 그가 본 매화가 정선이 이 그림을 그릴 때까지 줄곧 그 자리를 지키고 있었던 것일까.

13

흔적 사라졌어도
옛길 있어 그 자취 더듬다

오늘 임진년 첫 나들이는 지난 여정에 이어 성주읍성에서 길을 잡아 나선다. 〈여지도서〉에 그려진 옛길은 성주읍성의 남문을 나와서 향교 서쪽으로 길을 잡아 부상역에 이르는 노정인데, 향교의 남쪽에 다층탑이 그려져 있다. 그것은 지금도 동방사 터에 남아 있는 석탑으로, 원래는 9층이었다고 전하는 7층탑이다. 충주의 중원탑처럼 이렇게 평지에 당당하게 버티고 서 있으니 요즘말로 랜드마크라 할 만하다.

동방사지 석탑

절터는 성주읍에서 왜관으로 가는 국도를 따라 약 1㎞ 떨어진 도로변에 자리 잡고 있다. 동방사는 신라 애장왕800~809 때 창건되었다가 임진왜란 때 절이 모두 불타버리고 이 석탑만 남아 랜드마크 구실을 해 왔다. 이 탑은 기단의 네 면과 탑신의 각 몸돌에 기둥을 새겼으며, 특히 1층 몸돌에는 문을 깊게 새겼다. 1·2·3층 지붕돌 네 귀퉁이에는 연꽃무늬가 조각되어 있는 것이 특징인 이 탑은 고려시대의 자유로운 조각 양식이 엿보이는 작품으로 평가받는다.

옛 동방사는 절에서 소유하고 있는 땅이 수십 리에 이르고 수행하는 승려가 수백 명에 이르는 대찰이었다. 처음 절을 세운 때는 통일신라시대 후기인데, 행정중심지에 대가람을 건립하였다. 이 탑을 세운 까닭은 풍수비보와 관련된다. 소가 누워서 별을 바라보는 형국을 하고 있는 성주는 성산, 풍두산, 다람쥐재 등이 둘러싸고 있어 그 안은 안온하다. 그러나 함지땅의 바닥을 흘러나가는 이천伊川이 성주

성주읍 예산리 동방사지 석탑

를 돌아 동쪽으로 빠지고 있어 지기가 물길 따라 빠지는 것을 막기 위해 이 자리에 탑을 세웠다고 한다.

동방사지東方寺址 석탑을 살펴보고 나오는 삼거리에는 성주 목사牧使를 지낸 관리들의 선정을 기리는 빗돌 16기가 서 있어 이곳이 교통의 요충임을 일러 준다. 탑거리에서 성주향교를 지나 그 서쪽으로 길을 잡아 905번 지방도를 따라 북쪽으로 5리쯤 가면 한강 정구 선생의 묘소가 있는 금산리다.

한강 정구 선생 묘소

정구鄭逑·1543~1620 선생의 무덤은 처음에 성주군 수륜면 수성동 창평산에 두었다가 1663년현종 4년에 지금의 자리인 성주읍 금산동 인현산 자락으로 옮겨 왔다. 묘역은 잘 정비되어 있고, 선생의 무덤은 가장 위쪽에 자리하고 있다. 분형은 원분이며 상석과 향로석을 앞에 두고, 양쪽에는 망주석을 배치하였는데, 묘갈은 최근에 다시 세웠다.

선생은 1543년중종 38년에 대가면 칠봉동 유촌柳村에서 태어나 78세인 1620년광해군 12년에 팔거현 사양정사泗陽精舍·대구시 칠곡 사수동에서 세상을 떠났다. 자는 도가道可, 호는 한강寒岡이며 본관은 청주다. 22세에 과거 보러 상경한 적이 있었으나 느낀 바 있어 과장에 들지 않고 귀향하여 오직 학문에만 정진하였다. 선생은 당시 영남 좌·우도에서 쌍벽을 이루던 퇴계退溪와 남명南冥 두 스승을 찾아 배움을 청했다. 여러 번 조정에서 벼슬을 내려 불렀으나 사양하다가 38세이던 1580년선조 13년에 외직인 창녕현감으로 부임하여 1년 반 동안 선정을 베풀어 생사당이 세워질 정도였다.

선생께서는 우리 지역과도 각별한 인연을 맺고 있는데, 처음 관직을 맡아 창녕현감을 역임하시고 얼마 뒤에 함안군수를 지냈다. 이때 선생께서는 부임지의 역사와 문화를 기록한 창산지昌山志와 함주지咸州

志를 펴내셨으니, 여기서 우리나라 읍지 편찬의 역사가 비롯하였다. 선생의 사후에는 우리 지역의 창녕 관산, 창원 회원, 언양 반구, 함안 도림서원에 향사되었다.

선생의 무덤에 참례하고 북쪽으로 5리 쯤 가면 답계역이 있던 학산리 댁기마을이다. 지금의 길은 905번 지방도를 따르지만 답계역의 위치로 볼 때 전통시대의 도로는 조금 더 동쪽으로 열렸던 것 같다.

답계역

답계역踏溪驛이 있던 댁기는 답계를 그리 부르고 있는 것으로 보인다. 〈여지도서〉 성주 역원에 "답계역은 관아의 북쪽 10리에 있다. 북쪽으로 개령 부상역까지 30리이다. … 대마 1마리, 기마 2마리, 짐말 2마리 역리 45명 역노 18명 역비 3명이다"고 나온다. 이곳 답계역은 김종직이 조의제문弔義帝文을 지은 동기를 부여받은 곳으로 알려져 있다.

점필재 김종직金宗直·1431~1492이 아버지 김숙자金叔滋·1389~1456의 시묘 살이를 하던 중 정축년세조 3년·1457 10월 어느 날 밀성현 밀양에서 경산을 거쳐 답계역현 성주에서 하룻밤을 묵게 되었다. 그때 꿈에 한 신령이 나타나 "나는 초나라 회왕懷王·의제인데 서초패왕 항우에게 살해되어 빈강彬江에 버려졌다"고 말하고 사라졌다. 김종직은 이를 바탕으로 조의제문을 지었는데, 누군들 그것이 훗날 무오사화戊午士禍·1498라는 피바람을 불러올 줄 알았을까.

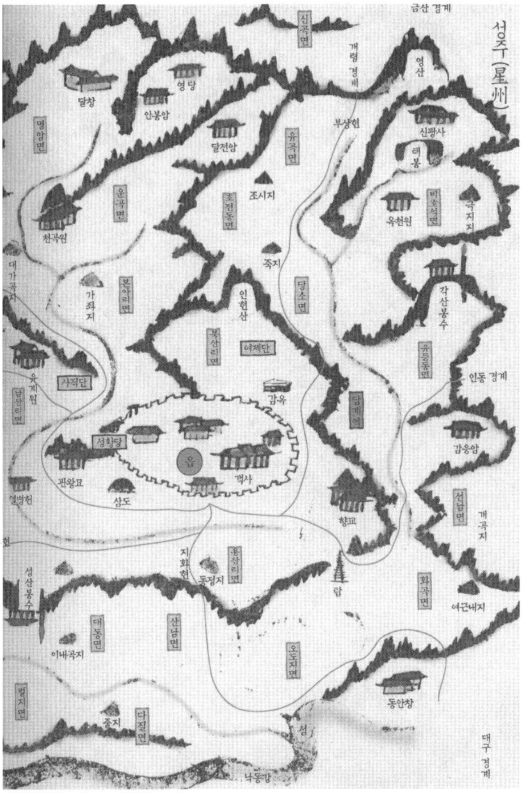

성주지도의 읍성과 옛길

대야현

〈대동여지도〉 17-3에는 성주 북쪽에서 진산인 인현산印懸山 서쪽 고개를 넘는 길이 그려져 있다. 이 고개가 〈여지도서〉 성주 도로에 실린 대야현大也峴이다. 이 책에서는 성주 북쪽 10리라 했으니 지금의

대티고개에서 본 초전면 대마평 일대. 멀리 참외 하우스가 즐비하다.

대티고개를 이른다. 대티고개에서 남북을 살피면, 성주의 대표 농산물인 참외를 재배하는 하우스단지의 은빛 물결이 눈에 한가득 들어온다. 지금 하우스 안에는 올봄에 출하될 참외가 한창 자라고 있을 터. 참외는 성주군의 주력 상품으로 전국 생산량의 70~80%를 차지한다고 하니 가히 성주를 참외의 고장이라 할 만하다.

의마총

대티고개를 내려서면 초전면 소재지인 대장리 대매대마를 이곳에서 그리 부름마을이다. 이곳은 옛 대마점大馬店 혹은 대마 객점이 있던 곳인데,

의마총義馬塚은 주인을 살린 의로운 말의 무덤이다. 옛 기록은 답계역踏溪驛에서 북쪽으로 5리 떨어져 있다고 했으나 실제 거리는 그 배는 되어 보인다. 〈여지도서〉 성주 고적 신증에 "의마총은 관아의 북쪽 15리에 있다. 답계역졸 김계백이 말을 기르던 역에서 털빛이 붉은 말을 탄 지 5~6년이 되었다. 영조 무진년1748 8월 어느 날 김계백이 부상扶桑에 갔다가 술에 취해 말을 타고 밤중에 돌아오는데, 길에서 큰 호랑이와 마주쳐 말 아래로 떨어졌다. 호랑이가 곧장 뛰어들어서 물려고 하니 김계백이 탔던 말이 갈기를 흔들며 길게 소리 내어 울고, 발굽으로 밟거나 입으로 깨물며 호랑이가 주인을 해치지 못 하도록 했다. 한편으로는 싸우고 한편으로는 물러나며 10여 리를 가서 대마객점에 이르렀다가 쓰러져 일어나지를 못했다. 객점 사람들이 깜짝 놀라 살펴보니, 말은 이미 죽은 뒤였다. 역리와 역졸들이 객점 앞에 묻고 비석을 세웠다"고 나온다. 이 일대를 〈대동여지도〉 16-3에는 대마평大馬坪이라 적었는데 대마점 혹은 대마 객점에서 비롯한 이름이다. 하지만 지금은 객점도 의마총도 그 흔적을 찾을 수 없고, 다만 마을 이름에서 옛 자취를 더듬어 볼 뿐이다. 이와 비슷한 이야기가 남원 오수역과 밀양 개고개의 의견義犬 설화에도 전해져 오는데, 이 짐승들이 불을 막고 호랑이에 맞서게 된 빌미는 모두 주인의 지나친 음주에 두어져 있다. 새해에 금주 혹은 절주 계획 세우신 분들께서는 새길 일이다.

14

숨은 이야기 더듬으며 옛 시간 속을 거닐다

벌써 임진년 새해 첫 달을 보냈다. 우리 지역은 남녘이라 사나운 추위를 느끼기 어렵지만, 통영로 여정이 지나는 경북 성주 개령 일원은 줄곧 영하 10도를 넘나드는 추위가 기승을 부린다. 이제 2월이고 보니 다음 소식 전할 때쯤이면 주변에서는 철 이른 매화 소식도 접할 수 있으려니 싶다. 오늘은 봄날을 기다리며, 의마총義馬塚이 있던 대마에서 북쪽으로 길을 잡아 나선다.

부상고개 가는 길

옛 의마총 자리를 지난 길은 대체로 백천白川의 서쪽을 따라 북쪽으로 곧게 열렸다. 백천의 옛 이름은 마포천馬鋪川인데, 근원은 원집이 있던 대야원동에서 비롯한 것이다. 〈여지도서〉 성주 역원에 대야원大也院은 성주읍의 북쪽 29리에 있다고 했으니 지금은 신거리고개라 부르는 부상고개 남쪽에 있었던 듯하다. 대마에서 부상고개로 이르는 길에서 대마점의 자취는 찾을 수 없었으나 이리로 옛길이 지났음을 일러주는 빗돌 5기가 지금의 초전면 사무소에 모아져 있다. 이 빗돌들은 옛 성주목 시절 고을 원을 지낸 이들의 선정을 기리기 위해 세운 것인데, 이즈음이 옛 교통의 요충이었기에 남은 유물들이다.

면 소재지를 빠져나오면 대마평 넓은 들을 점령한 은색 비닐하우스단지 가운데로 905번 지방도가 곧게 뻗어 있다. 옛길은 백천과 나란히 났으므로 우리는 이 길을 버리고 둑방길을 따라 걷는다. 멀지 않은 곳에 장승백이라는 마을이 내의 동쪽에 있는 것으로 보아 옛길은 지금의 도로보다 더 동쪽으로 열렸음이 분명하다. 장승백이를 지나자 세종대왕자태실世宗大王子胎室로 이르는 갈림길에 세운 이정표가 눈에 든다. 이곳의 태실은 세종대왕의 왕자들 태실을 모신 곳인데, 간혹 그 명칭 때문에 세종대왕의 태실로 오인하는 사람들이 더러 있는 듯하다. 세종대왕의 태실은 그가 그리 아꼈던 손자 단종端宗의 태실과 함께 경남 사천시 곤명면 은사리에 있다.

이 고개의 이름인 부상扶桑은 〈산해경〉에서 해가 뜨는 동방에 있다고 하는 신목을 이른다. 다른 한편으로는 일연一然의 비인 인각사 보각국사비에, "인도의 28조사와 중국의 5조사에 의하여 전해진 선법이 이어져 와서 조계의 한 파가 동쪽 땅으로 건너왔다"고 한 사례로 보아 동방의 우리나라를 일컬음을 알 수 있다.

부상고개 미륵불

김천시와 경계를 이루는 부상고개 서쪽 미륵암 경내에는 고려 초기에 돌로 만든 미륵 부처가 서 있다. 이 미륵불은 김천과 개령의 지경地境고개에 있던 미륵원에 있었던 것으로 보인다. 〈여지도서〉 개령현 역원에 "미륵원彌勒院이 관아의 남쪽 38리에 있었는데, 지금은 없어졌다"고 했고, 같은 책 도로에 남쪽 성주와의 경계가 38리라 해 두었기 때문이다.

머리에 둥근 갓을 쓴 이 미륵불은 원래는 길에서 그리 멀지 않은 미륵원 터에 있던 것을 1980년대에 미륵암에서 지금의 자리로 옮겼다. 미륵 부처가 이곳에 세워진 배경은 지난 길에 의마총 전설에서 보았듯 빈번한 맹수의 출현과 도둑으로부터 길손의 안전을 빌기 위한 것으로 헤아려진다. 규모는 덜하지만 계립령 아래 충주 쪽에 미륵대원彌勒大院을 둔 것과 같은 뜻이리라. 이 고개를 내려서면 부상역이 있던 부상리 부상마을이다.

부상역

미륵원 미륵불

부상역扶桑驛은 지금의 경북 김천시 남면 부상리 역말역촌의 부상초등학교 자리에 있었던 전통시대의 역이다. 〈신증동국여지승람〉 개령현 역원에 "현의 남쪽 30리에 있다"고 했으며, 서거정徐居正·1420~1488의 시를 실었다. 〈여지도서〉 개령현 역원에 "부상역은 관아의 남쪽 30리 금오산金烏山 아래에 있다"고 나오며, 같은 책에는 이곳에 부상관扶桑館이 있다고 했다. 역이 있던 초등학교도 이제는 폐교가 되어 역터의 자취는 어디에도 남아 있지 않다. 그러나 학교 정문에서 바라본 역터는 옛 지지에 나오듯 금오산

오봉리에서 본 갈항고개

976.6m 남쪽 기슭에 당당하게 자리 잡고 있다. 지금은 역터 앞으로 김천 - 왜관을 잇는 4번 국도가 지나는데, 옛길은 이 길을 따르지 않고 마을에서 북쪽을 지향한다.

갈항현

〈대동여지도〉 16-3에는 부상역을 지나 갈항고개를 넘어 동창東倉에 이르는 길이 그려져 있다. 고개의 이름인 갈항葛項은 개령현의 남쪽 고개란 뜻이다. 남쪽을 이르는 갈과 고개의 다른 표현인 목을 적기 위해 한자의 소리와 뜻을 빌려 적은 것이니, 갈항고개는 역전앞과 같은 이중수식인 셈이 된다. 〈여지도서〉 개령현 산천에 "갈항현葛項峴은 관아의 남쪽 27리에 있다. 금오산에서 떨어져 나온 산줄기다. 곧 부상역을 거쳐 성주를 오가는 길이다"고 나온다. 그러니 갈항을 개령의 남쪽 고개로 볼 수 있다. 〈여지도서〉 개령현 역원에는 "갈항현 아래에 갈항원이 있었는데 지금은 없어졌다"고 나온다. 옛길은 지금의 지방도 905호선보다는 약간 더 서쪽으로 열렸다. 바로 고개를 향해 곧추 오르는 옛길의 경제학을 반영하고 있는 속성 때문이다. 하지만 우리 일행은 옛길을 찾을 수 없어 부득이 지방도를 따라 걸었다.

갈항사

〈여지도서〉 개령현 사찰에는 갈항사葛項寺에 대한 이야기가 전한다. "갈항사는 금오산 서쪽에 있었는데 지금은 없어졌다. 신라의 고승 승전勝詮이 화석화된 해골 돌을 가지고서 이 절을 처음 세우고, 관아의 아전과 하인들을 위해 화엄경을 강의했는데, 그 해골 돌이 80여 개다. 삼국유사에 나오는 이야기다"라 전한다. 〈삼국유사〉 승전의 해골에는 "승전은 곧 상주 영내의 개령군 경계에 사원을 개창하고 돌해골을 관속官屬으로 삼아 〈화엄경〉을 개강하였다. 신라의 사문 가귀可歸가 자못 총명하고 도리를 알아 법등을 전하여 잇고, 이에 〈심원장〉을 찬술하였다. 그 대략을 말하면, '승전 법사가 돌무리를 거느리고 (불경을) 논의하고 강의하였으니 지금의 갈항사이다. 돌해골 80여 매가 지금까지 주지에게 전하고 있으니, 자못 영험하고 기

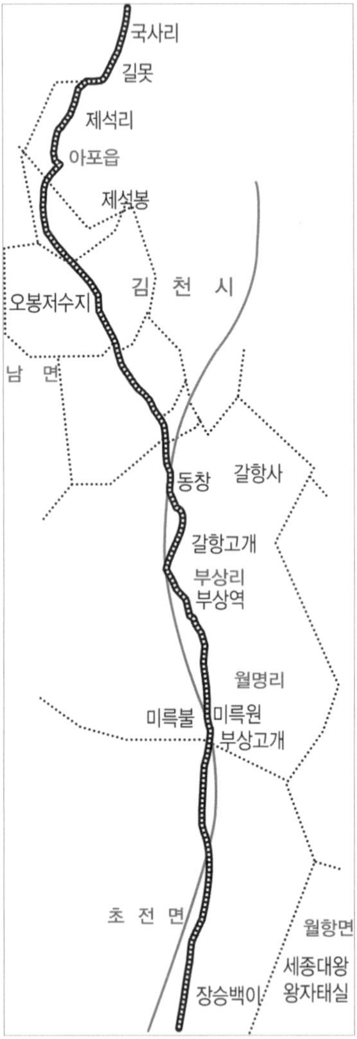

이함이 있다'고 하였다"고 전한다.

갈항사는 김천시 남면 오봉리 금오산 서쪽에 있는 절로 신라의 승려 승전이 효소왕孝昭王 1년692에 당나라에서 귀국하여 창건하였다. 그 뒤 80여 개의 돌무리를 모아 놓고 〈화엄경〉을 강의하였는데, 이 돌들이 많은 영험을 보였다고 한다. 경덕왕 17년758에는 남매 사이였던 영묘사零妙寺의 언적言寂과 문황태후文皇太后, 경신태왕敬信太王이 3층 석탑 2기를 건립하였다. 절터에 남아 있던 석탑 2기 가운데 동탑에는 "두 탑은 천보天寶 17년 무술758 중에 세워졌는데, 남매 3인이 그 일을 이루었다. 오빠는 영묘사 언적법사이고, 큰 누이는 조문황태후이고, 작은 누이는 경신태왕이다"라는 이두문이 적혀 있다.

'갈항사지쌍탑'이라고도 하는 두 탑은 1916년에 이곳을 떠나 1962년 12월 20일 국보 제99호로 지정되었고, 지금은 국립중앙박물관 야외전시장에 나란히 서 있다. 위의 갈항사에 대한 이야기를 토대로 할 때, 갈항고개를 방위 지명으로 볼 것인지, 아니면 효소왕 때 승전이 창건한 갈항사에서 유래한 것으로 볼지에 대해서는 좀 더 고민할 필요가 있을 듯하다. 갈항사가 부상역의 북쪽에 있는 갈항고개에서 동북쪽으로 그리 멀지 않은 곳에 있기 때문이다. 부상역에서 길을 대어 온 역로는 갈항사가 있는 곳으로 이르지 않고 동창東倉이 있던 오봉리를 지나 서북쪽으로 길을 잡는다.

오봉리에는 주변에서는 명소로 알려진 오봉저수지가 있다. 우리 일행은 이곳 유원지 앞 식당가에서 백숙으로 원기를 보충하고 다시 길을 걷는다. 오봉리를 벗어나면 바로 아포읍 제석리에 든다. 마을의 이름은 배후의 제석봉帝釋峰·512.2m에서 비롯하였으니 그곳 산정에는 제석신앙과 관련한 유적이 있을 법하지만 살피지는 못하고 지난다. 달리 이곳에는 선조 연간인 1600년에 정여립鄭汝立의 모반사건에 연좌된 정여립의 사촌 처남 소덕유와 역모를 도모하다 처형당한 장사 길운절吉雲節에 관한 이야기가 전해오고 있다. 그의 역모 사실은 〈선조실록〉에 전하는데, 미리 역모를 알려 연좌제는 면하였으나 그는 능지처참을 당하고 살던 집을 헐고 파서 못을 만드니 길지吉池라는 이름이 붙었다. 지금도 이곳에는 국사리와의 경계에 길못이란 이름의 작은 못이 남아 있어 당시의 일을 전해준다.

15

끊어진 옛길 역사가 이어주고 오늘도 발길은 역사가 된다

개령가는 길

〈여지도서〉, 〈해동지도〉, 〈개령현지도〉(규10521 v.4-9), 〈대동여지도〉 등의 고지도에는 옛길이 이렇게 나온다. 지난번에 지났던 부상역과 갈항현을 넘고 감천甘川을 건너서 개령현 남쪽의 남수南藪·개령현의 남쪽에 있던 숲와 유산柳山 사이로 길을 잡아 양천역楊川驛을 거쳐 복우산伏牛山 동쪽의 우현右峴을 넘는 것으로 묘사되어 있다. 고개의 이름이 우현인 것은 개령에서 선산으로 가는 오른쪽 고개라 그리 불렀다. 〈개령현지도〉에는 이 고개에서 선산 경계의 안곡현安谷峴까지 30리라 했으니 안곡역 남쪽 고개를 우현이라 불렀음을 알 수 있다. 달리 개령현에서 북쪽으로 길을 잡아 감문산 봉수 서쪽을 지나 좌현左峴·우현의 서쪽 고개으로 복우산을 넘는 길도 있다. 이 길은 개령에서 곧장 안곡역으로 이르는 지름길이며, 성주-부상역 경로와는 다른 길이다.

오늘은 지난 여정에서 마쳤던 아포읍의 국사리 길못에서 북쪽으로 행선을 잡아 나선다. 길못에서 4km 정도 지나니 공쌍마을에서 강 건너의 개령면 태촌리 이천마을을 잇는 다리로 북천北川을 건넌다. 〈대동지지〉를 토대로 하면, 부상역에서 30리를 더 지나 북천을 건너게 된다. 〈대동여지도〉에는 북천이라 적고 개령현의 바로 아래에는 감천甘川이라 적어 두었다. 아마 아포의 북쪽을 흐르는 내라 그리 부른 것으로 보인다. 감천이나 북천은 우리말로 북쪽에 있는 내를 이르는 '달내'를 한자의 뜻을 빌려 그리 적은 것이다. 이곳에서 감천을 일러 신神을 이르는 옛말 감 가마와 연결하여 이해하고 있는 것은 재고해야 할 듯싶다.

이 내를 건너 서쪽으로 가면 멀지 않은 곳에 개령이 있고 그 동

쪽에는 양천역楊川驛이 있던 양천리 양천마을이 나온다. 〈대동여지도〉에는 이 양천역 근처까지 가항천可航川으로 그려져 있어 역의 이름은 배를 대는 내란 뜻의 '버들내'를 한자로 그리 적은 것임을 알 수 있다. 〈해동지도〉에는 내를 건넌 지점에 풍영정風詠亭이 있었던 것으로 나와 있고, 옛길은 거기서 동쪽으로 진행하여 선산에서 오는 길과 만나 삼거리를 이루어 북쪽으로 진행한다. 이 지도에는 이곳에 진장陣場이 있다고 했는데, 아마 선산과 개령 성주를 잇는 교통의 결절지점이라 장이 섰던 것으로 보인다. 〈대동여지도〉에 이곳 가까이 배의 운항이 가능한 곳으로 그려져 있는 것으로 보아 진장의 진은 나루진津이 아니었나 싶다.

내를 건너면, 이즈음에서 서남쪽으로 개령면 소재지까지 이어지는 북천 가에는 남수南藪라 불리던 호안림이 있었다고 전한다. 남수는 〈여지도서〉 개령현 산천 신증에 "관아의 남쪽 2리에 있다. 사예司藝 김숙자金淑滋가 현감이 되었을 때, 점필재 김종직金宗直이 관아를 따라 나무를 심어 숲을 조성하였다. 이 덕분에 읍터의 홍수 걱정을 덜게 되었다"고 나온다. 남수라 했으니 개령현 관아 남쪽에 있는 숲이라 그리 불렀을 터이고, 이 숲을 조성한 점필재의 아버지가 개령현감으로 근무했던 때가 1450년 무렵이니 숲의 연륜이 만만찮음을 알 수 있지만 지금은 없어져 안타까울 뿐이다.

전하는 이야기로는 몇십 년 전만 하더라도 이곳에 개령숲이라 불리던 왕버들 위주의 호안림이 있어 학생들의 소풍 장소로 즐겨 이용되었다고 한다. 성주의 성밖숲과 비슷한 경관을 지녔던 것으로 보인다. 또한 〈징비록〉에는 임진왜란 당시 이곳 북천 가에서 순변사 이일李鎰이 주변에서 모은 민군과 서울에서 데려온 장사 등 8,900명을 데리고 진법을 훈련한 곳이기도 했는데, 얼마 지나지 않아 조총으로 무장한 적의 기습을 받아 조령鳥嶺을 넘어 충주로 달아났다고 한다. 그러나 적은 이미 이때 개령을 지나 장천長川·상주시 낙동면에서 북으로 흘러 낙동강에 드는 샛강에 이르러 둔을 치고 있었으니 척후병을 활용하지 않은 이일의 부대는 그런 낌새조차 알지 못 하고 궤멸할 수밖에 없었던 것이다. 옛길 가에 있던 유산柳山은 〈여지도서〉 개령현 산천에 "관아의 동쪽 2리에 있다. 감문산에서 떨어져 나온 산줄기이다. 감천이 유산 아래로 지나간다"고 했으므로 옛길은 관아의 동쪽으로 열렸음을 알 수 있다.

안곡역 가는 길

북천의 개령 쪽 마을은 태촌리台村里·배시내이고 그 윗마을은 성촌리城村里인데 마을의 이름이 그렇게 불리게 된 것은 성촌리에 있는 태성산성台星山城에서 비롯한 것이다. 〈대동여지도〉에는 감문산 봉수와 태성산성 사이로 옛길을 표시하였다. 이 지도에 따르면 예서 외현천을 따라 난 길을 잡아 북쪽에서 그리 높지 않은 복우산지금의 우태산 서쪽의 우현을 넘어 안곡역으로 이르는 노정이 그려져 있다.

태성리를 지나 새터에서 명천에 이르는 중간 즈음의 갈림길에서 오래된 느티나무를 지나 외현천 가를 따라 거슬러 오르면 감문면 소재지에 닿는다. 이곳은 삼한시대에 개령면 일원까지 걸쳐 있던 옛 감문국甘文國의 중심지로서 231년에 신라 장군 석우로昔于老에게 정벌당했고 557년에는 감문주甘文州가 되었다. 석우로는 신라 왕족 출신으로 주변 소국을 정벌하는데 혁혁한 전공을 세운 명장이었으나 치명적인 설화舌禍로 말미암아 비극적인 죽음을 맞이한 인물이기도 하다.

통영로는 이곳 감문면소재지에서 지방도 913번과 만나는데 지방도를 버리고 하천을 따라 오르는 길이 옛길이다. 처음 우리 일행이 이곳을 지난 시점은 무더위가 한창 기승을 부리던 지난여름이었다. 당시 우리는 중화참에 이곳에 들러 가게에서 라면으로 점심을 때운 뒤 가까운 감문중학교에서 오수를 즐기고 다시 행선을 잡았는데, 잠이 덜 깬 탓인지 지방도를 따라 안곡역으로 이르는 잘못을 저질렀다. 결국 이 기사를 작성하기 위해 아내와 다시 답사를 해야 했는데, 우리 지역에서는 보기 어려운 서설瑞雪을 밟으며 옛길을 걷는 기쁨을 선물로 받게 되어 더없이 즐거운 여정이 되었다.

송북리에서 본 우현. 멀리 사진 위쪽 가운데로 보이는 고개

감문면 소재지를 지나 삼성리에서 금곡리 가메실로 이어지는 길가의 마을 들머리에는 연자매를 마을 표지석으로 삼고 있는 곳이 많다. 고개 아래의 끝 마을인 송북리 송문마을 동쪽 골짜기를 거슬러 분수계에 이르면 이곳이 바로 〈대동여지도〉에 나오는 우현右峴이다. 지금은 이태재라 부르는 이 고개를 내려서면 멀지 않은 곳에서 곧바로 안곡역과 안곡원安谷院이 있던 안곡리에 든다. 안곡역 옛터는 옛 안곡초등학교 일원으로 보이는데, 이리로 이르는 옛길은 무을저수지에 잠겨 버렸다.

1960년대만 하더라도 이곳 안곡역을 지나던 옛길이 잘 남아 있었는데 이즈음에 저수지를 만들면서 수장되었다고 한다. 안곡역은 개령 양천역과 상주 청리역을 잇던 역이었다. 안곡은 우리말로는 안골 안실로 부르는데, 역이 자리한 마을이 골 안쪽에 깊숙이 들어와 있어 그렇게 불리게 되었을 것이다. 그리 멀지 않은 과거에도 이곳은 교통의 요충지로 성황을 이루어 1960년대에 안실 마을에서 마방馬房까지 운영하였다고 전해질 정도다. 이밖에도 이곳에는 옛 안곡역 시절을 헤아릴 수 있는 자료가 더러 남아 있는데, 안곡1리 마을회관 앞에 지난 2008년에 복원된 우물과 마을 입구의 서낭당과 느티나무로 구성된 마을숲이 그 증거다. 또한 역터에서 수다사水多寺로 향하는 닥밭골저전·楮田에는 광서光緒 15년1889에 명정된 효자 김광택金光澤의 정려비와 이를 모신 비각이 있어 이리로 옛길이 지났음을 일러준다. 다시 이곳을 찾았을 때, 저수지는 굳게 얼어 있어 곳곳에 얼음낚시를 즐기는 사람을 쉽게 찾을 수 있었다. 이번 답사에서 안곡역에 닿았을 즈음이 점심 무렵이라 우리는 이곳에서 꽤 알려진 묵밥을 먹으러 닥밭골을 찾아 길손의 한 끼 식사로는 모자라는 묵밥을 급히 말

아먹고, 상송리 수다사 쪽으로 길을 잡아 고개를 넘을 작정을 한다. 안곡역을 지난 옛길은 대부분 사라졌지만 송정지를 지나 연악산淵岳山 수다사 방면으로 오르는 옛길은 임도로 모습을 바꾸어 문경으로 길을 대고 있다.

16

선현이 남긴 흔적 지도삼아 뒤따르는 길손은 길을 잡고

오늘은 안곡역이 있었던 무을면 안곡리에서 북쪽으로 길을 잡아 낙동강 서쪽의 큰 고을인 상주로 향한다. 예서 상주로 이르는 길은 지난 여정을 갈무리하면서 소개한 백현白峴·흰티을 넘는 고갯길과 대체로 지금의 68번 도로와 선형이 비슷한 안곡현安谷峴·달리 안현(安峴)이라고도 함을 넘는 길이 있다. 앞의 고갯길은 고지도에 백현을 넘는 선형이 묘사되어 있지만 고도가 700m를 오르내리는 연악산淵岳山을 넘기는 만만해 보이지 않는다. 옛 지지에 실린 역로는 안곡현을 넘는 길과 비슷하여 오늘은 이 길을 따른다.

안곡역

경북 구미시 무을면 안곡안실 1리가 옛 안곡역 자리다. 마을의 앞으로는 늙은 느티나무와 팽나무가 어울린 마을숲이 있어 그 안쪽이 역터로 헤아려진다. 그렇다면 이 나무들은 역수驛樹라 볼 수도 있겠다. 마을 회관 앞에는 안곡역安谷驛에서 사용했던 것으로 전해지는 우물을 몇 해 전에 옛 방식대로 다시 만들어 두었다. 이곳에는 마을의 유래와 주세붕·이황 선생이 남긴 율시를 바위에 새기고, 한편에는 우물을 다시 만드는 과정을 정리한 사진을 게시한 간판을 세워 두었다. 마을 유래비에는 1632년경에 신 씨 성을 가진 형제가 개척한 것으로 나와 있지만, 이곳은 고려시대 경산부도京山府道 관할의 25역 가운데 하나인 안곡역이 있던 곳이니 그 상한을 한참 올려야 할 것이다. 또한 안곡의 지명유래에 대해서도 이곳을 통행하던 이들이 여기서 말의 짐을 풀고 편안히 쉬어 간 데서 비롯한 것이라고 하나 이

안곡역이 있던 안곡리 안실마을 전경

는 안곡이라는 한자 말을 뜻으로 푼 것에 지나지 않는다. 지난번에 살핀 대로 안쪽에 있는 골짜기라 안실이라 하고 한자의 소리와 뜻을 빌려 안곡으로 적은 것일 뿐이다.

안곡역은 고려시대 경산부도에 속한 역이었다가 조선 전기에 유곡도幽谷道에 속했다. 그 내용은 〈세조실록〉 8년1462 8월 5일에 병조의 건의로 각도의 역·참을 파하고 역로를 정비하여 찰방과 역승을 두었는데, 이 조치에 따라 안곡역을 포함한 구미시의 상림역上林驛·장천면 상장리·영향역迎香驛·해평면 산양리·구미역仇彌驛·구미시 선기동은 유곡도 찰방이 관할하게 했다.

〈여지도서〉 선산도호부 역원에는 "안곡역은 관아의 서쪽 35리에 있다. 남쪽으로 개령 양천역楊川驛까지 30리이며, 북쪽으로 상주 청니역青泥驛까지 20리다. 중마 2마리, 복마卜馬·짐말 4마리, 역리 62명, 역노 20명, 역비 5명이다"고 했다. 그 곁에는 안곡원安谷院이 있었다고 전한다.

이곳 안곡역이 가진 장소성은 동쪽의 선산과 남쪽의 개령과 오가는 교통의 결절지에 위치해 있다는 점이다. 이러한 입지에 의해 이 역은 구간 내의 다른 역에 비해 이용이 잦았고 그런 까닭에 점필재 김종직, 신재 주세붕, 퇴계 이황 등 많은 이들이 글을 남겼다.

신재 선생과 퇴계 선생의 글은 안곡1리 회관 앞에 새겨 두었으므로 여기서는 김종직이 절도사를 맞으러 새벽에 안곡역에 왔다가 정강수에게 지어 준 7언 율시를 소개한다. 아마 그는 개령현감인 아버지 김숙자의 영으로 절도사를 맞으러 안곡역에 왔던 것으로 보인다.

구월십팔일효부안곡역영절도사유작증정강수九月十八日曉赴安谷驛迎節度使有作贈鄭剛叟

김종직金宗直

날라리 소리 속에 고삐 안장 정비하고畫角聲中整鞴靫
정절절도사의 행차을 맞이하려 하매 역정이 멀다爲迎旌節驛亭賒
거친 마을 10리에 등불은 창을 뚫는데荒村十里火穿屋
이지러진 달 오경03~05시에 서리가 신에 찼다缺月五更霜滿靴
토끼를 잡고 여우를 치매 참으로 흥취 있는데擊免伐狐眞有興
솔을 심고 대를 묻기에 어찌 집이 없겠는가栽松問竹豈無家
시내 건너 수염이 언 늙은이 부끄러워했나니隔溪羞殺冰髯叟
코 골며 달게 자던 잠 새벽 피리소리에 깨다鼾睡方甘寤曉笳

안곡현

안곡현

상주와 선산을 오가던 길은 크게 보아 두 갈래가 있었다. 지지와 고지도에 묘사된 바로는 연악산 줄기의 죽현竹峴을 넘는 길과 안곡역 서쪽으로 안곡현安谷峴을 넘어 낙평역洛平驛과 청리青里를 거쳐 상주로 이르는 길이 그것이다. 이번 답사의 주제가 되는 통영로는 개령에서 안곡현을 넘어 상주로 이르는 길을 이용했다. 안곡현을 넘는 길은 선산부지도(규10512 v.2-6)에 선산부의 서쪽 길과 개령현의 북쪽 길이 이곳 안곡역에서 만나 상주로 이르는 것으로 묘사하였고, 이 지도에 이르기를 관문에서 35리의 안현대로安峴大路는 상주목까지 40리라 했다. 안현은 안곡현의 다른 이름이고, 안곡역 가까이에 있는 고개라 그런 이름이 붙었을 것이다. 이보다 먼저 제작된 〈해동지도〉 선산부에는 선산에서 상주로 이르는 길은 연악산 동쪽에서 죽현竹峴을 넘는 것으로 묘사하였고, 안곡역과 수다사로 이르는 길도 표시하였으나 상주와의 연결은 나타내지 않았다. 죽현은 선산 서쪽에서 상주로 이르는 고개로 이 통로는 대체로 지금의 중부내륙고속국도가 지나는 선형과 비슷하다.

상주 가는 길

안곡역에서 상주로 가는 길은 역을 나서서 안곡현安谷峴을 넘는 데서 비롯한다. 안곡역과 고개 사이에는 역에서 나오는 길과 선산에서 오는 길이 만나는 삼거리가 있는데, 그 서쪽이 바로 안현이라고도 했던 안곡현이다. 이곳에서는 이 고개를 산태백고개라 부르는데 바로 그즈음의 지명이 산태백이고, 그래서 그곳에 있는 작은 못은 산태백지라 부른다. 이 고개는 낮아서 넘는 데 그리 큰 어려움은 없다. 고개에 올라 서북쪽으로 길을 잡으면 상주시 공성면 무곡리에 드는데, 물

이 성한 곳이라 무실이라 부르고 한자의 소리와 뜻을 빌려 무곡茂谷 또는 수곡水谷이라 적는다. 이 마을에는 마을 뒤 절터에서 옮겨 세운 고려시대 삼층석탑경상북도 문화재자료 128호이 있다. 옛길은 그 서남쪽으로 지난다. 예서 용안리를 거쳐 상주 청리지방산업단지를 지나면 낙평역洛平驛이 있던 청하리 역마에 든다. 옛 지도를 살피면 이곳 용안리 즈음에 독송정獨松亭이 있었는데, 공성 방면과 안곡 방면으로 이르는 갈림길에 있던 정자였던 것으로 보인다. 〈여지도서〉 상주목 도로에 "남쪽으로 청남靑南 독송정까지 30리이고, 동송정에서 안곡현 선산과의 경계에 이르기까지 10리이며, 독송정에서 공성 왜유현倭踰峴 금산과의 경계에 이르기까지 17리이다"라고 했기 때문이다. 또한 〈대동여지도〉 16-3에도 이즈음에 갈림길을 표시해 두었기에 그리 보는 것이다.

독송정을 지나 머잖은 곳에서 낙평역 옛터를 지난다. 지금의 청하리靑下里 역마가 바로 그곳인데, 청하는 청리의 아래이고 역마는 낙평역이 있던 곳이라 이런 지명이 남았다. 〈여지도서〉 성주목 역원에 "낙평역은 관아의 남쪽 25리에 있다. 북쪽으로 낙양역까지 20리이며, 남쪽으로 선산 안곡역까지 20리이다. 중마 2마리, 복마 3마리, 역리 42명, 역노 47명, 역비 20명이다"고 했다. 그랬으니 오늘 출발점인 안곡역에서 예까지 20리 길을 걸은 셈이다. 낙평역은 달리 청니역靑泥驛이라 했던 적도 있는데, 앞서 본 〈여지도서〉 선산도호부 역원에 안곡역의 북쪽 20리에 있던 역을 그리 부른 게 그 사례다.

역터를 지나면 사창社倉이 있던 원장리의 사창동이고 바로 북쪽은 옛 청리현 소재지인 청리다. 〈여지도서〉 성주목 고적에 "청리폐현靑里廢縣·리(里) 자는 리(理) 자로도 쓴다은 본래 신라의 음리화현音里火縣이다. 경덕왕 때

청효青驍로 이름을 고치고 상주에 편입시켰다. 고려 때에 지금 이름인 청리青里로 고치고 그대로 상주에 소속시켰다. 관아의 남쪽 20리에 있다"고 나온다. 옛 청리현과 양촌동의 주막골을 지나 갑장산甲長山·805.7m 남쪽 상산商山 기슭의 지천동에는 조선 숙종 28년1702에 이 지역 유림이 박언성朴彦誠·김언건金彦健·강응철康應哲·조광벽趙光璧·강용량康用良의 덕행과 업적을 기리기 위해 세운 연악서원淵岳書院이 있다. 이곳을 지나 소천교를 통해 병성천을 건너게 되는데 〈상주지도〉(규12154)를 보면 옛 이름이 소호천蘇湖川으로 나온다. 그 시절의 이름은 소천교라는 다리에 계승되었다. 예전에 이곳 소호천에 둔 다리는 관아의 남쪽 13리에 있었던 양산지교陽山旨橋인데 〈여지도서〉1757~1765가 편찬될 당시에는 이미 부서지고 없었다고 전한다. 지명으로 보아 양산지교가 가설된 자리는 지금의 소천교에서 약간 아래인 양산리 쪽으로 헤아려진다. 다리를 건넌 곳에는 솔밭이란 지명이 남았다. 솔밭을 지나 남산 자락의 상주향교를 서쪽으로 바라보며 상주읍성에 닿아 오늘 여정을 마감한다.

17

옛 시간 따라 흐르는 역사의 향기

이번 여정이 시작되는 상주尙州는 경주慶州와 더불어 경상도慶尙道의 이름을 낸 곳이며, 낙동강이란 이름을 품은 곳이기도 하다. 〈신증동국여지승람〉과 〈연려실기술〉에서 그 연원을 살필 수 있는 실마리를 찾을 수 있다. 상주의 옛 이름이 낙양洛陽이라 그 동쪽에 있는 강에 그런 이름을 붙였다는 것이다. 또한 임진왜란 이전에는 감사監司의 본영이 위치한 곳이기도 했는데, 이러한 거점 도시로서의 면모는 상주가 차지하고 있는 수륙水陸 교통의 요충지라는 장소성에서 비롯한 것이다.

이와 같은 관점은 〈여지도서〉 등의 옛 지지에서도 찾을 수 있다. 김종직이 찬한 풍영루 중수기에 딸린 시에 '배와 수레가 모두 모여드니舟車之會兮 사방으로 통하는 요충지四達之衝로다'라 한 데서 이곳이 사통팔달하는 교통의 요충임을 잘 드러내고 있다.

상주읍성

상주읍성尙州邑城은 평지에 쌓은 성인데, 성안에 왕산王山이라 불리는 작은 구릉을 안고 있다. 그 평면은 조선시대에 그려진 각종 고지도에는 원형에 가까운 모가 죽은 네모꼴로 나오지만 근년의 측량에 의하면 네모꼴에 가깝다.

기록에 따르면 이곳 상주에 처음 성을 쌓은 것은 신라가 통일 전쟁을 완수한 직후다. 〈삼국사기〉 권 제34 지 제3 지리1에 "신라 31대 신문왕 7년687에 다시 사벌주沙伐州를 설치하고 성을 쌓으니 주위가 1,109보였다"는 기록이 그 근거다. 〈여지도서〉의 상주목 성지에

는 "읍성은 돌로 쌓았다. 둘레는 3천 8백 83척이며, 높이는 9척이다. 동·서·남·북문이 있으며, 성안에 4개의 연못이 있다"고 나온다. 그러나 기록과는 달리 고지도에는 어디에도 연못을 찾을 수 없었는데, 최근 발굴된 바로는 못 안에 둥근 섬을 둔 네모난 연못방지원도·方池圓島과 옛길이 드러나 연못의 존재를 분명하게 드러내었다. 이 성과는 상주 왕산 역사공원 조성에 따라 영남문화재연구원에서 2011년 봄에 발굴조사를 완료한 바에 의한 것이다. 연못은 왕산의 동쪽에서 조사된 것으로 서로 시기를 달리하는 두 연못이 붙어서 드러났다. 이 가운데 먼저 만들어진 연못의 폐기층에서 만력萬曆·명 신종의 연호로서 1573~1619 팔년八年·1580이라 새겨진 기와 조각이 출토되어 연못의 폐기가 이즈음에 이루어졌음을 전해 주고 있다. 뒤에 만들어진 연못이 소위 방지원도인데, 이는 '하늘은 둥글고 땅은 모나다'는 천원지방天圓地方 사상을 형상화한 것이다. 이와 아울러 발굴 조사에서 드러난 도로유구가 우리의 눈길을 끄는데, 2기의 도로는 왕산의 북쪽 배후에서 조사되었다. 선형은 동-서축으로 설정되었고, 이 가운데 1호 도로는 너비가 7~10m에 이르고 조사된

상주읍성 왕산 북측 구역 도로유구 ©영남문화재연구원

길이는 약 100m 정도다. 노면에는 자갈을 깔았는데 이러한 공법은 지반의 침하와 노면의 침식을 막기 위한 조치라 여겨진다. 유사한 구조를 가진 도로는 우리 지역의 창원 진동 유적에서도 조사된 바가 있어 상호 비교 검토할 만하다.

상주읍성에 관한 다른 기록으로는 1617년에 찬한 〈상산지商山誌〉에 "둘레가 1,549척이고 높이는 9척이며, 성안에는 샘 21개와 못이 2곳 있고 임진왜란 때 왜병들이 이 성을 14개월이나 점거하면서 성 둘레에 10척이 넘는 호를 파고 성 밖 서남쪽에 토성을 쌓았으니 그 터가 남아 있다"고 기록했다. 이 기록에서 보듯 상주읍성은 임진왜란 이후 황폐하여 터만 남아 있던 것을 1869~1871년의 수축을 거쳐 옛 모습을 어느 정도 회복하였으나 머잖아 국권을 상실하면서 급격하게 사라져 버렸다.

현재 상주읍성 내에는 왕산을 중심으로 역사공원을 조성해 두었다. 이곳에는 보물 제119호로 지정된 고려시대의 비로자나불좌상을 옮겨 둔 것을 비롯해 왕산의 남녘에는 이곳을 거쳐 간 여러 벼슬아치들의 공적비가 세워져 있고, 연못가에는 풍영루風詠樓를 다시 만들어 두었다.

상주읍성을 나서다

상주읍성을 나서서 곧장 북쪽으로 길을 잡는다. 상주지도(규12154)에는 읍성의 북문을 나선 길은 5리를 지나 북천北川을 건너는 것으로 묘사하였다. 이 지도에는 북천에 무지개다리홍교·虹橋가 그려져 있는데 이 다리가 바로 옛 기록에 나오는 북천판교北川板橋다. 〈여지도서〉 상주목 교량에 "북천판교는 관아의 북쪽 5리에 있었다. 다리가 부서진 뒤에 돌로 무지개다리를 쌓았는데, 을해년의 수해로 파괴되었다."고 했다. 이로써 널다리가 부서진 뒤에 쌓은 무지개다리도 을해년 수해가 있었던 영조 31년1755에 파괴되었음을 알 수 있는데, 상주지도에 홍교로 그려진 것은 뒤에 다시 복구되었음을 일러준다.

이곳 북천은 임진왜란 때인 1592년 4월 23일에 순찰사 이일李鎰이 이끄는 조선 중앙군과 고니시 유키나가가 이끌던 왜군이 육상에서 최초로 접전을 치룬 곳이다. 당시 전투에서 조선 중앙군과 의병은 1만 7천여 명의 왜군을 맞아 싸웠으나 중과부적으로 크게 지고, 900여 명이 전사하였다. 그 장소는 통영로가 지나는 곳에서 서쪽으로 약 500m 정도 떨어진 북천교 부근이다.

솔티를 넘다

북천을 건넌 통영로는 곧장 북쪽으로 길을 대어서 만산동의 만산삼거리에서 국도 3호선과 잠깐 만났다가 문경으로 향한다. 그 북쪽의 부원동은 전통시대의 숙박시설인 부원釜院이 있던 곳이다. 〈여지도

상주에서 서울나드리를 지나 솔티 가는 길

서〉에 "관아의 북쪽 8리에 있었는데, 지금은 없어졌다"고 나온다. 그 윗마을은 남적동 가는 다리다. 아마 외서천에 그런 이름의 다리가 있었던 듯한데, 다리 앞 정자 곁에는 목사를 지낸 이 아무개의 불망비가 세워져 있다. 다시 북쪽으로 길을 잡아 나서면 '서울나드리'라 불리는 삼거리에서 연봉리에 든다. 마을의 이름은 이곳에 두었던 연봉정蓮峰亭에서 비롯한 것으로 예전에 상주목사가 서울에서 오는 귀한 손님을 맞던 정자다. 정자의 기능이 그러하고, 이곳의 지명이 서울나드리인 것으로 보아 이즈음이 서울로 오가는 주요한 길목임을 알 수 있다.

서울나드리 북쪽의 목가리 원터는 솔티 아래에 둔 송원松院이 있던 곳이다. 〈여지도서〉에 송원은 "관아의 북쪽 26리에 있었는데, 지금은 없어졌다"고 나온다. 마을에서 만난 노인장은 송원과 솔티 아래의 서낭당과 미륵에 대한 소중한 정보를 일러주었다. 미륵을 모신 당집은 사라호 태풍 때 유실되었고, 서낭당은 새마을운동으로 마을길을 포장할 때 헐어서 골재로 썼다고 한다. 서낭당과 미륵은 이곳이 옛길이 지나는 곳임을 일러주는 잣대 구실을 충실히 해주고 있다. 이 미륵은 경상북도 문화재자료 제437호로 지정되었는데, 머리에 쓴 보관寶冠에 부처를 새긴 것으로 보아 관세음보살임을 알 수 있다. 안내문에는 주변에 흩어져 있는 자기와 기와 조각, 미륵의 양식으로 미루어 고려시대에 만들어진 것으로 헤아린다.

또한 〈상산지〉 고적에는 이 불상과 그 곁에 있던 대정원에 대해 "송현 길 가까이에 있으며 3칸 기와집 가운데 큰 석불 한 구가 안치되어 있고, 그 옆에는 큰 샘물이 바위 구멍 사이로 용출하는데 그 사방과 밑은 마치 함과 같이 다듬어져 있으며 아무리 심한 가뭄에도 줄지 않고 겨울에는 더운물, 여름에는 찬물이 솟아 샘 아래로 흘러 10여 부락의 논에 물을 공급하여 농사를 지으므로 예부터 대정원이라 일컬었다."고 전한다. 그러나 지금은 3칸 기와집도 그 곁에 있었다는 샘도 사라졌고, 불상 앞에 있었던 삼층석탑도 2007년에 도난당하고 지금은 받침대만 남았다.

관세음보살 앞에서 마음을 다잡고 예스러움을 잘 간직하고 있는 숲길을 따라 솔티를 오른다. 솔티송현·松峴는 이 지역에서 랜드마크 구실을 하는 공갈못공검지·恭檢池의 동쪽 고개라 그런 이름이 붙은 것으로 보인다. 솔이 동쪽을 이르는 우리말 살 사라와 통하고 티는 고개의 다른 말이기 때문이다. 공검지는 제천 의림지義林池, 밀양 수산제守山堤, 김제 벽골제碧骨堤 등과 더불어 삼한시대에 쌓은 것으로 전해지는 저수지다. 〈고려사〉 지리지에 의하면, 고려 명종 25년1195에 상주사록尙州司錄으로 있던 최정분崔正份이 예로부터 있어 오던 제방을 그대로 수축했다고 전한다. 또한 조선 초에 홍귀달洪貴達이 쓴 〈공검지기〉에는 축조연대는 알 수 없으나 공검恭儉이라는 이름은 쌓은 사람의 이름에서 비롯한 것이라고도 전한다.

18

세월 흘러도 변함없이 핀 꽃
길손 발길에 힘 더하고

오늘은 솔티를 넘어 좁고 긴 골짜기 사이로 난 길을 따라 걸으며 새 여정을 연다. 마침 이날은 봄비가 제법 장하게 내려서 비를 기다려 온 농부들에게는 무척이나 반가운 손님이었을 성싶다. 남녘보다 약간 늦게 봄을 맞은 이곳 솔티에는 이제야 갖가지 꽃을 피우고 있다. 고개 아래의 복사꽃과 길섶의 참꽃, 제비꽃을 비롯해 길바닥에는 길의 지시자인 질경이가 한참 땅바닥에 잎을 붙이며 세력을 키워 나가고 있다. 이런 풍광을 뒤로 한 채 산골을 벗어나면서 시선을 멀리 주면 이안천利安川 건너 그 북쪽에는 사발을 엎은 꼴을 한 태봉산胎封山·105.5m이 눈에 든다.

태봉산

태봉산胎封山은 들판에 고립 구릉으로 솟아 있어 낮지만 쉽게 눈에 든다. 이 구릉의 이름은 〈해동지도〉에 고산孤山이라 적어 들판 한가운데 홀로 솟은 구릉임을 분명히 하였고, 〈함창현여지도〉(규10512 v.6-9)에는 태봉산이라 적었다. 이 지도에는 구릉의 꼭대기에 시설물을 표시하고 만력 32년1604·선조 37에 태실을 두었다고 병기하였다. 아마 이 사실이 지역에서 '조선 광해군 원년1608에 왕자의 태를 봉안하였다'는 말로 와전된 듯하다. 태실은 일제강점기에 도굴되어 지금은 아무것도 없다고 전한다. 하지만 〈조선의 태실〉 등 관련 자료에서는 이러한 사실을 확인할 수 없다.

옛 지도를 살펴보면, 태봉산을 가운데에 두고 난 길이 시기적으로 달리 나타나는데, 먼저 만들어진 〈해동지도〉에는 서쪽으로 통영

길 닿는 곳에 솟은 태봉산

로가 열리고 그 동쪽으로 동래로영남대로가 지난다. 달리 19세기 말엽에 만든 〈함창현여지도〉에는 태봉의 동쪽을 지난 길이 그 북쪽에서 분기하는 것으로 나타난다.

태봉산은 들판 한 가운데에 솟아 있어 이 일대의 랜드마크 구실을 제대로 하고 있다. 이런 점은 옛 지지에서 도로를 설명하는 부분에도 잘 반영되어 있다. 〈여지도서〉 함창현 도로에 "동남쪽으로 태봉리까지 10리이며, 태봉리에서 상주와의 경계에 이르기까지 7리이다"라고 한 것이 바로 그런 예다.

통영로는 태봉산을 지나 척동리 잣골과 오동리 목교木橋를 거쳐 함창 들머리에서 전고령가야왕릉에 든다. 옛 지도를 보면, 이곳 왕릉에서 관남지官南池를 지나 옛 장터를 거쳐 함창현 치소로 드는 노정이 표시되어 있지만, 지금은 못도 장터도 사라지고 없다.

고령가야 왕릉과 왕비릉

함창 들머리에는 고령가야의 왕릉과 왕비릉이라 전해지는 무덤이 남아 있다. 고령가야古寧伽倻의 옛 땅인 함창에서 이런 유적을 만나니, 남녘땅에서 올라온 길손에게는 묘한 감회가 인다. 이 무덤에 대해 〈여지도서〉에 "가야왕묘伽倻王墓는 관아의 남쪽 2리에 있다. 세상에 전하는 말에 따르면, 함창현의 김씨가 그 후예라고 한다. 비석을 세워 수호하며 해마다 제사를 지낸다"고 했다. 또한 만세각萬歲閣 옆의 안내판에는, "이 능은 서기 42년경 낙동강을 중심으로 일어난 6가야 중 이 일대인 함창, 문경, 가은 지방을 영역으로 하여 나라를 세운 고령가야의 태조왕릉이라 전해온다. 태조왕의 능을 서릉이라 하고, 여기에서 동쪽으로 한 지척 간에 왕비릉인 동릉이 있다. 함창은 원래 고령가야국이었으나, 신라에 복속되면서 고동람군古冬攬郡으로 하였다가 경덕왕 때는 고령古寧으로 불렀다. 조선시대 선조 25년 당시 경상도관찰사 김수金睟·1547~1615와 함창현감 이국필李國弼 등이 무덤 앞에 묻혀 있던 묘비를 발견하여 고령가야왕릉임을 확인하였다고 한다. 그 후 숙종 38년1712 왕명으로 묘비와 석양石羊 등의 석물을 마련한 후 후손들에 의해 여러 차례 묘역이 정비되어 오늘에 이르렀다"고 적어 두었다. 바로 이곳의 만세각은 왕과 왕비릉을 관리 보존하고 추모하기 위하여 세운 건물이다.

함창에서 유곡역 가는 길

조선시대의 함창은 읍성을 갖추지 않은 채 관아와 객사 등으로 고을을 구성하고 있었다. 고지도에 나타난 옛 읍기는 동헌과 객사를 중심으로 그 아래쪽에 동지東池와 서지西池를 거느리고 있으며, 옛길은 동지를 거쳐 쌍화雙花·지금의 쌍하, 윤직리를 지나 유곡역을 향한다.

함창에서 유곡역까지는 약 20리의 노정이다. 함창을 멀리 벗어나지 않은 윤직리에는 때다리 또는 당교唐橋라 전하는 곳이 있는데, 삼국통일전쟁과 관련한 전설을 간직한 곳이다. 〈삼국유사〉 권 제1 기이 제2 태종춘추공전에 "신라 고전古傳에는 '소정방이 이미 고구려와 백제 두 나라를 치고 또 신라를 치려고 머물고 있었다. 이에 유신유庾信은 그 음모를 알고 당나라 군사를 초대하여 독약을 먹여 모두 죽여

구덩이에 묻었다'고 하였다. 지금도 상주 지경에 당교가 있는데, 이것이 그 묻은 땅이라고 한다"고 전하고 있다. 뒤에 만들어진 지지에서도 이 기록을 토대로 당교에 얽힌 사적을 실었다. 〈여지도서〉 함창현 교량에 "당교는 관아의 북쪽 6리에 있다"고 하였으며 〈삼국유사〉에 실린 기록을 전재하고 있다.

당교의 이곳 말인 때다리의 때는 중국을 낮추어 부르는 말인 되호·胡의 거친 표현이다. 이곳에는 그 다리의 이름을 딴 당교원唐橋院이 있었다. 이곳을 찾은 회재 이언적李彦迪·1491~1553이 남긴 글에 당교원에는 스님이 단청한 다락집이 있었다고 전한다. 당교를 지나는 지점에서 서쪽으로 바라보이는 곳에는 상감지上監池라고도 했던 정화지井花池가 있었다. 〈여지도서〉 함창현 제언에 "정화지는 관아의 북쪽 5리에 있다. 다른 이름으로 '상감지'라고도 한다. 민간에 전하는 말에 따르면, 가야왕이 일찍이 여기로 거둥해 노닌 적이 있기 때문에 붙여진 이름이라고 한다. 연못에 연꽃이 있다"고 했다. 그러나 지금은 경지로 변해 버리고 못은 남아 있지 않지만 이 또한 가야와 관련한 전승을 가진 이름이다. 옛 지지에는 통영로와 동래로의 상하행로가 합쳐지거나 분기하는 곳으로 유곡역을 지칭하고 있지만 기실은 이곳 함창 당교가 그런 구실을 하고 있었던 셈이다.

솔티 전설

이 고개에는 원터 마을 쪽에 있던 관세음보살과 관련한 전설 하

함창읍 신덕리에서 본 솔티

나가 전해져 온다. 어느 때인가 이 고개에는 한 아름다운 여인이 나타나 선비들이 오면 고개 너머까지 짐을 들어 달라고 부탁을 하였다. 그런데 선비들이 여인의 짐을 집에 옮겨주면 고맙다는 말은커녕 외려 번번이 그들을 집안에 가두어 버렸다. 여인의 부탁으로 짐을 들어주러 길 떠난 이마다 돌아오지 않자 이를 이상하게 여긴 마을 사람들이 그 여인의 집을 찾았더니 지금까지 여인의 짐을 들고 따라간 선비들이 모두 그 안에 갇혀서 공부에 열중이었다고 한다. 까닭인즉 공부를 게을리하는 선비들을 교화하고자 미륵불[관세음보살]이 여인의 몸으로 감응하여 선비들이 독서에 힘쓰도록 이끌었다는 것이다. 그랬더니 그 뒤로는 이 일대의 선비들이 모두 학문에 전념하게 되었다는 전설이다.

이 이야기는 관세음보살이 여인의 몸으로 감응하여 인간을 교화한 이적 설화의 형태를 띠고 있다. 이곳 솥티 전설은 불교적 색채를 띠고 있는 전남 유마사惟摩寺의 후불탱 이야기나 창원 백월산白月山의 노힐부득과 달달박박 두 성인의 성도기에 나오는 관세음보살 현신 설화에 비해 보다 직접적으로 깨우침을 전한 점이 다르다 하겠다. 아마 이 전설에 등장하는 선비와 그들이 행한 독서는 과거를 통하여 이상을 펴는 조선시대 이래의 모습과 자연스럽게 겹쳐지는 것으로 보아 이런 시절에 민중들에 의해 생성된 전설로 여겨진다.

관세음보살 탄생에 관한 이야기를 담고 있는 〈향산보권香山寶卷〉을 편역한 〈관세음보살 이야기〉에서 보듯, 보살은 평등한 마음으로 모든 중생에게 널리 베풀어 그들을 구제하고 이롭게 하는 존재다. 이러한 보살 가운데서도 다급한 위기에 처한 중생을 가장 먼저 구원하고자 하는 이가 바로 자비의 화신인 관세음보살이다. 그는 이름에 담긴 뜻 그대로 '세상의 소리를 살펴보는 보살'로서 이것은 생명체의 상태를 두루 살펴본다는 말이다. 지금과 같이 어지러운 때에 세상을 교화하기 위해 자신의 모든 감각기관을 활짝 열어 놓고 세상의 소리에 귀 기울이고 계시는 관세음보살의 현현을 그려보는 것은 나만의 바람일까.

19

통신사 왕래…
교통 요충지 역할

지난 여정을 마친 때다리당교에서 동래로영남대로와 합쳐진 통영로는 바로 북쪽에서 곧장 문경시에 든다. 이곳에서는 대체로 3번 국도와 비슷한 선형을 따라 걷게 되는데, 머지않아 점촌시외버스터미널이 나온다. 점촌店村은 예전에 이곳에 그릇 점이 있었던 데서 비롯한 이름이다. 그곳에서 북쪽으로 길을 잡으니 길가에 조선통신사가 지난 곳임을 알리는 표지석이 우리를 반긴다. 이 빗돌은 사단법인 조선통신사 문화사업회에서 통신사의 일본 왕래 400주년을 기리기 위해 2007년 4월에 세운 것이다. 에서 서울 숭례문까지 211km가 남았다 했으니 이로써 전체 여정의 절반 넘게 소화한 것 같다. 지나온 길보다 남은 길이 많지 않음에 오늘도 힘내어 걷는다.

유곡역 가는 길

'조선통신사의 길' 표지석 조금 위쪽에는 지금은 모전동茅田洞에 속한 옛 양지마을쉼터가 나온다. 이제 제법 잎이 자란 느티나무 그늘이 드리워진 쉼터에서 땀을 식히며 다리품을 쉰다. 행장을 추슬러 얼마를 더 가니 문경시민운동장이 나오고 그 앞에는 의병대장 도암 신태식 선생 기념비가 세워져 있다. 이 기념비는 1907년 의병대장으로 활동 중 체포되어 10년간 옥고를 치르고, 의용단 경북도 단장으로 독립군을 후원하면서 항일 투쟁을 계속하신 신태식 선생을 기리기 위하여 기념사업회에서 세운 것이라 밝히고 있다. 거기서 북쪽으로 점촌교를 지나 공평동 표석골에 든다. 표석골은 김유신 장군의 당교 전투 승리를 기리기 위해 세운 비석에서 유래한 것이라 하나

당시에 세웠다고 전하는 빗돌은 찾을 수 없다. 예서부터 유곡에 이르는 길가에는 좁고 긴 들이 펼쳐져 있는데 유곡역에 딸린 둔전屯田·변경이나 군사 요지에 설치하여 군량에 충당한 토지이 있던 곳이다. 이 들을 따라 걸으니 공평동과 유곡동 사이에 장승백이라는 마을이 나온다. 주민들의 이야기로는 얼마 전까지 길가에 장승이 있었는데 최근에 도로를 확장하면서 없앴다고 한다. 장승백이의 위치가 유곡역에서 약 1km 정도에 이르지 않는 것으로 보아 5리마다 길가에 세워 이정里程을 제시했던 노표路標 장승은 아니었던 것 같다.

장승백이에서 조금 더 북쪽으로 가면 유곡역이 있던 유곡동이다. 마을 들머리에는 유곡동이라 새긴 표지석이 있고 그 받침돌 앞에는 유곡의 역사를 새겨두었다. 표지석을 뒤로하고 마을에 들면 수령 260년이 넘은 늙은 느티나무와 정자가 있고, 그 가까이에는 회화나무 옆에 오래된 샘이 있다. 옛 길손들이 그랬던 것처럼 우리도 예서 물을 마시고 땀을 식히며 잠시 쉰다. 이즈음이 주막거리이고 보면,

여기가 유곡도의 찰방역으로 이르는 들머리일 것이다.

유곡역

유곡역幽谷驛은 한양과 영남을 오가는 길이 지나는 곳으로 그야말로 교통의 요충이었다. 이런 입지적 특성은 홍귀달洪貴達·1438~1504이 남긴 유곡역 중수기에 잘 드러나 있다. 〈여지도서〉 문경현 역원에는 "영남 60여 고을은 지역이 넓고 인구와 특산물이 많은데, 그 수레와 말은 모두 유곡幽谷의 길로 모여들어야만 서울로 갈 수 있다. 서울에서 남쪽으로 내려가는 사람도 여기를 지나야만 비로소 갈림길에 들어서서 자기들의 갈 곳으로 흩어져 가게 된다. 유곡역을 사람에 비유하자면, 곧 영남의 목구멍인후·咽喉에 해당한다"고 했으니 그의 비유가 적절하다 하겠다.

유곡역은 고려시대 22역도驛道 525역 가운데 상주도尙州道에 딸린 역으로 처음 설치되고, 조선시대 전기의 역도 개편에 따라 찰방이 주재하면서 유곡도幽谷道에 속한 18역을 관장하는 중심역이 되었다. 임진왜란 뒤에는 봉수제를 보완하기 위해 이곳에 유곡발참幽谷撥站을 두었으니, 역제가 폐지될 때까지 줄곧 교통의 요충으로 기능해 왔다. 발참발군(撥軍)이 교대하거나 말을 갈아타는 역참에 대해 〈증보문헌비고〉 병고 권제18 발참에는 "선조 30년1597에 승지 한준겸韓浚謙이 청하여 명나라의 예에 따라 파발을 두어 변서邊書를 전하게 하였는데, 기발騎撥은 25리마다 한 참을 두고, 보발步撥은 30리마다 한 참을 두었다"고 전한다.

안동대학교박물관에서 1995년에 조사 간행한 〈유곡역〉에 따르

옛 유곡역 앞 길가의 선정비군

면, 유곡역 자리는 지금의 유곡동 아골앗골 일원으로 헤아려진다. 아골은 점촌북초등학교구 유곡초등학교의 남쪽에서 남서쪽으로 발달한 골짜기인데, 이곳에 유곡역과 그에 딸린 관아 건물들이 배치되어 있었던 것으로 보인다. 이런 헤아림은 관아官衙에서 비롯한 것으로 여겨지는 아골이라는 지명과 이 일대에 기와 조각이 많이 흩어져 있는 점, 주민의 증언 등으로 뒷받침된다. 그 자리는 지금의 국도 3호선의 남쪽 골짜기 일원이며, 보다 구체적으로는 487번지가 관아, 535-5번지가 천교정遷喬亭 자리로 추정되는 정자가 있던 곳이라 전해지고 있다. 정자의 이름인 천교는 달리 천앵遷鶯이라고도 하는데, 그 뜻은 꾀꼬리가 골짜기에서 나와 큰 나무로 옮긴다는 뜻으로 낮은 지위에서 높은 지위로 오르는 것을 이르는 말이다.

최근 각 지자체마다 지역의 고유한 역사문화자원을 발굴하여 상품화하려는 움직임이 크게 일고 있다. 이곳 문경에서는 일찍이 문경새재와 토끼비리 등 옛길의 자원화를 이끌어내어 우리나라에서 처음으로 옛길박물관을 열었고, 최근에는 유곡역을 복원하기 위한 발걸음을 힘차게 내디뎠다. 지난 2007년 문경시에서 발간한 〈2007~2016 신新 문경개발 그랜드 디자인〉에는 조선시대 유곡역 복원이 포함되어 있어 머잖아 그 모습을 드러낼 것으로 기대한다.

통신사

통신사通信使는 조선 시대에 일본에 파견한 외교 사절단을 말하며, 통신은 두 나라가 서로 신의를 통하여 교류한다는 의미를 담고 있다. 당시 조일朝日 간의 교린은 1404년에 일본에서 보낸 일본국왕사日本國王使에 대한 답례로 회례사를 보내면서 시작하였다. 통신사란 이름이 처음 쓰인 것은 태종 13년1413에 박분朴賁을 정사로 한 사절단이었지만, 도중에 정사가 병이 나서 중지되었다. 그러다가 실제로 통신사의 파견이 이루어진 것은 세종 11년1429 교토에 파견된 정사 박서생朴瑞生이 이끈 사절단이었다.

조선에서 통신사를 파견한 목적은 임진왜란 전에는 왜구 금지 요청이 주된 내용이었으며, 이후에는 포로들을 데려오거나, 일본의 정세를 살피고, 막부 장군의 임명을 축하하기 위한 것으로 바뀌었다. 당시 조선에서 파견한 사절단은 정사 부사 서장관 등 3인의 중앙 관

〈동래부사접왜사도〉의 통신사 행열 ©한국의 미19 풍속화

리와 갖가지 재능을 지닌 300~500명의 인원으로 편성하였다. 임진왜란 이후에 일본에 파견된 통신사는 공식적인 업무 외에도 학문과 기술, 문화를 전달하는 역할을 겸했기 때문에 일본은 통신사를 성대하게 대접하였다. 그것은 통신사가 끼친 정치 문화적인 영향이 컸기 때문이며, 이런 배경에 따라 일본은 일찍부터 그들의 관점에서 통신사를 연구해 왔고, 이 분야의 연구를 주도해 왔던 것도 사실이다. 이에 비해 우리나라는 일반인이나 학자들의 관심이 일본보다 뒤늦게 일어 일본적 관점에서 본 조선통신사라는 용어가 자연스럽게 받아들여지면서 정식 명칭인 일본통신사를 망각하고 그들의 용어를 원용하고 있는 실정이라 안타까울 뿐이다.

조선통신사朝鮮通信使라는 용어는 당시 일본의 관점에서 조선에서 온 통신사라는 의미로 쓰인 것이며, 〈조선왕조실록〉 등에 실리기로는 일본으로 보낸 통신사라는 의미로 일본통신사日本通信使라 했다. 대신 일본에서 온 사신은 〈조선왕조실록〉 등에서는 일본국왕사日本國王使, 일본국사자日本國使者, 일본국사신日本國使臣 또는 왜사倭使라 했다. 이로써 보자면 조선에서 일본으로 보낸 통신사를 일본통신사라 불렀는데, 그것이 일본식 관점인 조선통신사로 굳어 있어 이에 대한 정리가 필요하다.

20

보일 듯 말 듯
옛 발자취 따라 한 발 한 발

유곡역에서 새재까지

아직 오월인데도 벌써 날씨는 여름임을 실감케 하는 나날이다. 이번 통영로 옛길걷기는 부처님 오신 날을 낀 연휴에 토끼비리와 새재 등 우리나라의 대표적인 옛길을 찾았다. 그러나 두 길을 바라보는 사람들의 시각은 판이하게 다르게 느껴진다. 진남교반 일원의 유원지와 새재에는 사람이 넘치는데, 토끼비리를 찾는 사람은 거의 없고 간간히 고모산성을 찾는 사람이 눈에 띌 뿐이다.

오늘은 새재 아래의 대표적 옛길인 유곡역도의 찰방이 주재했던 유곡역 옛터에서 길을 잡아 나선다. 유곡동 아골아동·衙洞을 나서서 서낭당고개라고도 불렸던 유곡고개를 넘으면 불정원佛井院이 있던 불정동 원골에 든다. 지금 이 고개에서 서낭당은 사라졌지만 유곡역의 사적을 밝힌 빗돌이 그 허전함을 대신하고 있다. 고개 아래의 불정원이 자리했던 곳에는 원골이라는 빗돌이 서있고, 지금은 주유소가 들어서서 옛 원의 기능을 대신하고 있으니 그 쓰임이 영 달라지지는 않은 셈이다.

견탄원

불정원 옛터를 지나면 머잖아 영강 가에서 개여울견탄·犬灘에 들게 되는데, 옛길은 예서 내를 건너 영강의 동쪽 기슭을 따라 열렸다. 〈대동여지도〉에는 이곳까지 배가 들 수 있는 가항천可航川으로 그려 두었다. 지금도 동쪽의 호계리에는 '뱃나들', '창동倉洞' 등의 지명이 남아 있어 이런 사실을 뒷받침해 주고 있다. 개여울의 바로 북쪽에는 길손의 쉼터로 쓰였던 견탄원犬灘院이 있었다. 이 원은 고려 말엽을 거치면서 폐허가 되었는데, 권근權近·1352~1409이 쓴 기문에 화엄대사 진공眞公 스님이 제자들을 거느리고 집을 다시 세우고 잔도를 보수한 기록이 전한다. 그 사실은 〈신증동국여지승람〉 문경현 역원에 "… 여울 위에는 전에 원이 있었으나 지금은 퇴락한 지 오래되어 길손이 쉴 곳이 없다. 화엄대사 진공이 일찍이 여기를 지나다가 개탄하여, 퇴락한 것을 다시 일으키려고 곧 그의 제자들을 거느리고 띠를 베어 재물과 사람의 힘을 모아서 재목을 찍고 기와를 굽는 등 공사를 일으켜서 몇 칸 집을 세워 걸어 다니는 길손이 머물러 자는 곳으로 하였다…"고 전한다. 권근이 지은 이 기문으로 보아 개여울 가까이에 퇴락해 있던 원을 고쳐 지은 때는 조선 개국 직후로 여겨지며, 원은 기와를 얹은 당당한 다락집의 형태였던 것으로 보인다. 지금도 개여울 가에 이런 원이 서 있다면 참 잘 어울리겠다 싶다.

고모성과 진남관

개여울에서 영강의 동쪽으로 난 옛길을 따라 걷다가 오정산 자락으로 잡아들면, 낙동강 하류의 대표적 비리길인 물금의 황산천黃山遷·황산잔도 또는 물고미잔로, 삼랑진의 작천鵲遷·까치비리과 더불어 우리나라 3대 비리길인 토끼비리에 접어든다. 통영로와 동래로 구간 중 가장 험한 길로 알려진 약 400여 미터 구간의 토끼비리는 길로서는 처음으로 2007년에 명승 제31호로 지정되어 많은 이들이 찾고 있다.

토끼비리와 진남교반 일원

이 구간을 지나면 옛길은 진남문鎭南門을 통해 고모산성姑母山城에 든다. 최영준의 〈영남대로〉에는 고모산성 아래에 박석薄石·도로에 깐 얇고 편평한 돌을 깔아 노면을 포장한 구간이 있다고 하였는데 지금 그 자취는 남아 있지 않고, 최근에 다시 깐 박석이 그 자리를 대신하고 있다. 고모성은 맞은쪽의 고부성과 더불어 5세기 무렵에 신라가 북진을 추진하던 과정에 쌓은 성이다. 토끼비리를 사이에 두고 성을 마주 쌓은 것은 이곳을 통과하는 적을 막기 위한 것이니, 고래로 이곳이 교통의 요충이었음을 잘 드러내고 있다. 그러나 천험의 지세를 가려 쌓은 이 성은 임진왜란 때 제대로 활용되지 못하고, 왜군을 그냥 지나게 함으로써 한양 함락을 재촉한 점은 큰 아쉬움으로 남는다.

이런 난리를 치르고 난 뒤, 왜에 대한 방비를 위해 옛 고모성에 덧대어 돌고개석현·石峴에서 토끼비리로 성을 이어 쌓아 고개의 방비를 강화하였다. 그곳을 지나는 문을 진남문鎭南門이라 하고 그 일대를 진남관鎭南關이라 했으니 왜倭에 대한 원한과 성의 방비 목적을 잘 드러내고 있다. 성의 안쪽에는 최근에 발굴조사를 거쳐 복원한 주막이 있고, 그곳을 지나면 고갯마루에 성황당과 그것을 둘러싼 오래된 느티나무가 있다. 이곳 돌고개 성황당은 제대로 된 격을 갖추고 있어서 이 고을을 보살피는 성황신을 모신 곳으로 보이며, 성황당의 존재는 이곳이 옛길이었음을 일러주는 잣대이기도 하다. 관문성의 기능을 가진 두 성 사이로 난 고개는 신현新峴 또는 석현石峴이라 하는데, 신현은 이곳에 있던 신원新院에서, 석현은 고개 마루에 둔 서낭당인 적석積石에서 비롯한 이름이다. 달리 조선 후기에 그린 문경지도(규10512 v.5-10)에는 고모현姑母峴이라 표기하였는데 이는 고개 서북쪽의 고모성에서 비롯한 이름이다. 이밖에 꿀떡고개 또는 꼴딱고개라는 이름이 전해지기도 하는데, 앞의 이름은 이곳에서 꿀떡을 먹고 허기를 달랬다는 데서 비롯하였으며, 뒤의 이름은 숨이 꼴딱꼴딱 넘어갈 만치 고개가 험했기 때문에 붙여진 이름이라고 하지만 기실 그리 험한 고개는 아니다.

돌고개에서 마포원 가는 길

고개를 내려서면, 이제 문경이 지척에 보인다. 고개를 내려선 마을의 들머리에는 오래된 빗돌이 있어 이리로 길이 통하였음을 일러준다. 우리 일행은 고개 아래의 신현마을에서 시원한 맥주 한 캔으로 더위를 식히고, 옛길을 덮어쓴 지금의 도로를 따라 가로수 길을 걸어 문경읍으로 길을 다잡는다. 옛 지도를 살피면, 이곳 신현에는 신원사창新院社倉이 있었고 천동泉洞·샘골, 오동梧洞, 금곡金谷을 거쳐 조령천을 건너 마원리에 있던 마포원馬浦院으로 든다. 문경으로 이르는 마원리 즈음의 길가 논에는 문경의 특산물인 오미자五味子를 재배하고 있어 이곳이 문경임을 실감할 수 있다.

토끼비리명승 제31호

관갑천串岬遷이라 불리기도 하는 토끼비리토천·兎遷로 길을 잡기 위해

토끼비리

서는 영강穎江을 건너야 하는데, 옛 다리가 모두 없어져서 우리는 부득이 굴모리 바로 위에서 수중보를 가로질렀다. 지금이야 물이 성하지 않아 건너기에 어렵지 않았지만, 지난여름에 이곳을 건널 때는 길벗끼리 서로 의지하여 어렵사리 건너야 했다. 이런 정황은 옛사람이 남긴 글에서도 헤아릴 수 있다. 바로 조엄趙曮·1719~1777이 그의 통신사행을 기록한 해사일기海槎日記에 "신원참新院站에 들어가 말에게 죽을 먹이고 견탄에 이르니, 물살이 거센데다가 길고 넓었다. 본 고을 원이 냇물 건너는 역군을 많이 준비해 놓지 못하여 간신히 건너다가 일행의 인마가 더러 넘어지는 자도 있고, 더러는 떠내려가는 자도 있었다"고 했을 정도다.

토끼비리의 다른 이름인 관갑천의 관갑串岬이란 지명은 산지 사이

사이를 꿰듯 감입곡류嵌入曲流 하며 흐르는 영강에서 비롯한 이름으로 여겨진다. 관갑천의 다른 이름인 토끼비리는 왕건王建·877~943과 관련한 유래설화를 가지고 있지만 게서 말하는 토끼는 산속 영물인 그 짐승을 이르는 것인지에 대해서는 좀 더 숙고해 볼 여지가 있어 보인다. 낙동강 하류의 벼랑길인 개비리가 개와 관련 없듯이 말이다. 〈신증동국여지승람〉 문경현 산천에는 "고려 태조가 남쪽으로 쳐 와서 이곳에 이르니 길이 없었는데, 토끼가 벼랑을 따라 달아나면서 길을 열어주어 갈 수가 있었으므로 토천兎遷이라 불렀다"는 유래담을 전하고 있다. 하지만 속어로 도망가다는 말을 '토끼다'라고도 하는 것으로 이해하자면, 토끼비리를 '왕건이 도망간 벼랑길'로 볼 수는 없을지 따져 볼 필요가 있어 보인다. 관갑천의 위치 구조 규모에 대해서는 앞의 책에 "용연龍淵의 동쪽 언덕인데, 토천이라고도 한다. 돌을 파서 사다릿길잔교을 만들었는데, 구불구불 거의 6~7리나 된다"고 소개하였다. 지금도 이곳에는 바위 벼랑을 깎아 만든 길이 잘 남아 있고, 오랜 세월 동안 거듭된 인마의 내왕으로 침식된 길이 함몰 도로Sunken Road의 형태로 남아 길의 오랜 역사를 전해 주고 있다.

21

열녀문 · 충렬비 · 여신각…
길 위 '사연'과 만나다

새재 가는 길

지난 여정에 이어 오늘은 문경 들머리에 있던 마포원馬浦院의 옛 자리 마원리에서 길을 잡아 나선다. 마원리 초입에는 정월 대보름이면 술이라도 한 잔 받아먹었음 직한 오래된 느티나무 한 그루가 서 있다. 구한말에 제작된 지형도에는 이곳 마원리가 가촌街村으로 표시되어 있어 예부터 교통의 요충임을 잘 드러내고 있다. 〈대동지지〉에 옛길은 문경으로 들지 않고 잣밭산 곁으로 오리터까지 곧바로 난 길을 따른다고 나온다. 바로 이 책에 "초곡草谷에서 홀전笏田에 이르기 10리, 마포원馬浦院 10리인데, 이것은 문경으로 들지 않고 직행한다"고 한데 근거한 것이다. 이 길은 마원에서 오리터까지 곧장 질러가는 길을 이르는데 지금은 잘 이용하지 않는다.

하지만 그보다 앞서 만든 〈문경지도〉(규 10512 v.5-10)에는 마원에서 문경현의 읍치로 길을 잡아 관혜산冠兮山 북쪽의 모항현毛項峴을 넘어 새재로 이르는 길을 그려 두었다. 관혜산을 지금은 잣밭산이라 하는데, 그 맥은 문경의 진산인 주흘산主屹山·1,106m에 닿아 있다. 옛 지지를 뒤져보면, 관혜산은 문경의 옛 이름인 관문현冠文縣을 경덕왕이 고쳐 부른 관산冠山에서 비롯한 것으로 보인다. 이곳 관혜산에는 사직단社稷壇을 두어 토지신사·社과 곡식신직·稷에게 제사를 올렸다. 지방의 경우 대개 사직단을 읍치의 서쪽에 둔다 했으니, 이곳은 그러한 배치를 잘 드러내고 있다. 〈세종실록〉 지리지에 따르면 이곳 관혜산은 주흘산主屹山에 붙여 봄가을에 소재관이 나라에서 내린 향축을 받들어 소사小祀를 행한 곳으로 나온다.

고개를 돌아들면 고려 때 지어 초곡원草谷院이라고도 했던 옛 화봉원華封院 터를 지나 진안리 오리터에 든다. 그 지명이 진안陣安인 것은 전란이 있을 때 진을 둔 그 안이기 때문이며, 오리터인 것은 문경현에서 5리 되는 곳에 오리정을 두고 현감이 갈릴 때 이곳에서 영송했기 때문이다. 오리터를 지나 이화령과 갈리는 곳에는 문경도자기전시관이 있는데, 옛적 문경 일원에서 왕성하게 생산된 분청사기를 비롯한 문경의 도자기를 알리기 위해 세웠다. 전시관 뒤에는 망댕이가마라고 하는 문경 지역의 특징적인 가마가 복원 전시되어 있다.

이곳을 지나 새재로 접어들면, 하초리下草里 들머리에서 열녀윤씨일심각烈女尹氏一心閣이라 새긴 정려각을 만난다. 열녀 윤 소사召史·양민의 아내나 과부는 조막룡趙莫龍의 처다. 남편이 병자호란1636년 때 쌍령雙嶺 전투에서 전사하자 삼년상을 마치고 친정아버지가 재가를 권하자 목매어 자진하니, 인조 임금이 그 열행을 기려 열녀문을 내렸다고 전한다. 그러나 비문에는 '순치順治 11년 8월효종 8년·1654'이라 적혀 있어 명정된 때와 빗돌을 세운 때에 약간의 시차가 두어졌음을 알 수 있다. 이 또한 옛길의 표지임을 새기며 멀리 새재를 눈에 담고 길을 서둔다.

새재에 들다

예서부터 본격적으로 새재도립공원에 들어서게 되는데, 이곳 새재 일원은 최근 걷기 바람을 타고 전성기를 구가하고 있다. 집단시설지구를 벗어나면 신길원충렬비각申吉元忠烈碑閣을 만난다. 신길원은 임진왜란 당시 문경현감을 지냈던 이로 적은 군사로 적을 막아 싸우다 순절한 인물이다. 그는 당시 소서행장小西行長이 상주를 거쳐 문경으로

문경새재 옛길을 찾은 걸음이들

쳐들어오자 맞서 싸우다가 왜적에 잡히고 말았지만 항복하지 않고 관인도 내어주지 않았다고 한다. 왜적이 현감의 몸을 수색하자 관인을 오른손에 쥐고 주지 않으므로 적이 오른손을 잘랐고, 왼손으로 관인을 쥐자 그마저 자르니, 관인을 입으로 삼켜 지키려하다가 왜적이 내리친 칼에 목 잘려 순국하였다. 이 사실은 뒷날 〈삼강행실도〉에 실려 충절의 귀감이 되었다. 공의 순절은 병자호란 때 창원도호

부인을 지키다 같은 길을 따른 황시헌黃是憲 공의 충절과 닿아 있다. 이 빗집을 지나면 바로 우리나라에서는 처음으로 문을 연 옛길박물관이 나온다. 이곳에서 옛길의 역사와 문화를 새기고 본격적으로 새재길 걷기에 나선다.

주흘관

머잖아 닿게 되는 곳은 영남제1관문인 주흘관主屹關이다. 일제강점기에 찍은 사진에는 주흘관 입구 길가에 오래된 감나무 두 그루가

문경새재 제1관문인 주흘관. 바로 앞에 말라죽은 감나무가 한 그루 있다

마주 하고 있었는데, 지금은 한 그루 남았던 나무마저 생명을 잃은 채 자리만 지키고 있어 길손의 마음을 안타깝게 한다. 주흘관은 새재 들머리를 막고 있는 관문으로 숙종 34년1708에 쌓았고, 영조 임금 때에 조령진鳥嶺鎭을 두고 문경현감이 수성장을 겸하였다. 이곳에는 문경 함창 예천 용궁 상주 등 5읍의 군량창이 있었으며, 성을 지나는 관문은 무지개꼴로 이루어져 이리로 대로가 통했다.

성황사

관문을 들어서면, 동쪽 성벽에는 병자호란 때의 주화파 최명길崔鳴吉과 관련한 설화를 간직한 여신각女神閣이라 부르는 성황사城隍祠가 있다. 1975년 12월에 고쳐 세우기 위해 건물을 뜯을 때 나온 상량문에는 1700년경에 세우고 1884년에 진장 황치종黃致鍾이 두량하여 수리한 사실을 기록하고 있다.

원터 가는 길

성황사를 지나 드라마 태조 왕건을 찍었던 세트장 입구에는 20여 기의 선정비가 길가에 도열하듯 늘어서 있다. 이것은 문경현감과 경상도관찰사 등의 선정비를 모아 둔 것으로 원래는 문경현 관아와 상리 비석거리 등에 흩어져 있던 것을 옮겨 온 것이다. 이곳에 세워진 비석 하나하나를 살피고 지나면 고려말 공민왕이 홍건적의 난을 피

해 와 머물렀다는 혜국사慧國寺로 이르는 갈림길을 만난다. 이곳에서부터는 드라마 촬영장을 보고 나온 인파까지 더해져 그야말로 길에는 사람이 미어져 나갈 지경이다. 조류에 휩쓸리듯 사람의 물결에 섞여 옛길을 걷자 하니 이곳이 옛길인지 저잣거리인지 분간이 가지 않을 정도다.

길가의 낙동강 발원지에서 흘러내리는 맑은 내에는 그런 물에서만 자랄 듯한 물고기들이 떼 지어 몰려다니고 있다. 그런데 사람들은 예서도 여전히 놀이 공원에서나 하던 작태를 보이고 있다. 누군가 던진 과자에 고기가 모여들자 애 어른 할 것 없이 괴성을 내지르고, 너도나도 과자부스러기를 던져 댄다. 이런 이들은 나가시는 길에 새재 들머리의 자연생태관에 들러 이런 행동이 불러올 파장에 대해

새겨 보기 바란다.

왁자한 인파를 헤치고 걸음을 재게 걸어 원터로 향하는 길에는 화강암의 절리에 의해 기름 짜는 틀처럼 생겼다고 지름틀바위라 불리는 바위가 있다. 이 바위를 지나가면, 주흘관에서 약 1.5km 정도 떨어진 곳에 자리한 원터가 나온다.

22

일제강점기·한국전쟁…
그날의 '상흔 그대로'

지난 여정은 조령진의 제1관문인 주흘관에 들어 최명길 설화를 품은 성황사를 지나 원터에서 마감하였다. 그러니 새재를 넘는 통영로는 이번 여정에서 본격적으로 펼쳐지는 셈이다. 오늘은 원터-용추-교귀정-타루비-이깃소-꾸구리바위-산불됴심비-조곡관으로 이르는 길을 따라 걷는다.

왁자한 인파를 헤치고 걸음을 재게 걸어 원터로 향하다 보면, 가까운 길가 암벽에는 상주목사 이익저李益著와 문경현감 구명규具命奎의 선정을 기리기 위해 세운 마애비가 나온다. 예서 조금 더 걸어 길이 꺾이는 곳에는 이곳에서 골맥이 서낭당이라고도 하는 조산造山이 있고, 그 위쪽에는 화강암의 절리에 의해 지름틀바위라 불리는 바위가 있다. 이 바위를 지나면 머잖은 곳에서 원터가 나온다. 이곳의 원집은 안내판에 조령원이라 했지만, 관련 자료를 뒤져보니 동화원桐華院 자리로 보아야 옳을 듯싶다.

원터에서 용추로 오르는 길가에는 1993년까지 장사를 했다는 주막이 있다. 마침 우리가 이곳을 지날 때는 한창 떡메를 쳐서 인절미를 만들어 팔고 있었다. 주막다운 정서를 느낄 수는 없지만 사람을 붙잡는 인정은 예나 지금이나 다를 바 없다. 주막을 지나 조금 더 오르면 몸통에 'V'자 꼴로 상처 난 소나무 한 그루를 만나게 된다. 팻말에는 일제 말기에 송진을 채취한 자국이라 적었다. 이것은 팻말에 이른 대로 진주만 급습 후 연료 공급이 끊긴 일제가 송탄유松炭油를 만들기 위해 저지른 만행의 흔적이다. 김천 직지사와 언양 석남사 등 오래된 소나무가 많이 자라는 사찰 입구에서 이런 흔적을 쉽게 볼 수 있고, 경남 함양 안의에서는 일제의 경제수탈 흔적인 송탄유 가마가 발굴되기도 했다.

교귀정

원터와 조곡관 사이에 있는 용추는 뛰어난 경승으로 예로부터 시인 묵객들이 즐겨 찾던 곳이다. 용추는 달리 팔왕八王폭포라고도 하는데, 하늘과 땅의 모든 신인 팔왕과 선녀들이 어울려 놀았다 하여 붙여진 이름이다. 〈신증동국여지승람〉에 "새재 아래 동화원 서북쪽 1리에 있다. 폭포가 있는데 사면과 밑이 모두 돌이고, 그 깊이를 헤아릴 수 없으며, 용이 오른 곳이라고 전한다"고 적었다.

지금도 이곳에는 용이 앉았던 자리와 구지정具志禎이 숙종 25년1699에 '용추龍湫'라 새긴 글이 남아 있다. 용추는 상초리뿐만 아니라 인근의 주민들이 무제기우제를 지내던 곳이기도 한데, 그것은 용이 물을 다스린다는 믿음에 따른 것이다.

이곳에 이르러 용추 샘 맑은 물을 가까이하니, 문득 화끈거리는 발바닥에 휴식을 주어야겠다는 데에 생각이 미친다. 우리 일행은 떡본 김에 제사 지내자는 마음으로 용추 샘 맑은 물에 발을 담그고 탁족濯足을 즐기지만, 그 서늘함을 오래 버티지 못하고 양광에 따뜻하게 데워진 바위로 올라서고 만다.

용추 바로 옆에는 교귀정交龜亭이 있다. 정자의 이름은 신구 경상감사가 관인을 교환하던 곳이라 교귀정이라 했다. 교귀정은 새재 아래에 둔 첫 관문인 조곡관보다 약 200년 앞선 1470년께에 문경현감 신승명愼承命이 건립한 것으로 전하며, 1896년의 항일의병전쟁 때 불에 탄 채 방치되던 것을 1999년에 다시 세워 지금의 모습을 갖추게 되었다.

교귀정 바로 아래쪽 절벽에는 현감 이인면의 선정비와 애휼비가 마애비의 형식으로 새겨져 있고, 게서 조금 더 위쪽에는 고안동부사김상국정문공수근추사타루비故安東府使金相國正文公洙根追思墮淚碑가 나온다. 다

길의 자취를 헤아리는 잣대다.

타루비란 옛날 진나라 양양 사람들이 고을 원으로 있을 때 선정을 베푼 양고羊枯를 생각하여 그 비를 보기만 하면 눈물을 흘렸다는 옛일에 근원을 두고 있다. 이 빗돌은 김정문 공이 안동부사로 재임할 때 베푼 선정을 기려 철종 6년1855에 안동 38방의 백성들이 세운 것인데, 뚜껑과 몸통에는 한국전쟁 때 생긴 총탄 자국이 남아 있어 지금도 그날의 비극이 소리되어 들려오는 듯하다.

바로 위쪽으로는 이무기가 살았다고 전하는 이깃소와 젊은 새댁이나 여인이 지나면 희롱을 일삼는 꾸구리가 살았다는 꾸구리바위가 있는 계곡이 나온다. 조곡관에 이르는 길가에는 조선 후기에 세운 것으로 전하는 '산불됴심' 빗돌이 있고, 바로 그 위쪽에는 최근에 물을 끌어올려 만든 조곡폭포가 있다. 이곳에서 응암에 이르는 길가 바위 절벽에는 착암기로 바위를 뚫은 흔적이 드러나 있는데, 이것은 근년에 옛길을 크게 넓힌 증거다.

조곡관 들머리의 응암鷹巖에는 6기의 마애비가 새겨져 있는데, 그 중에는 새긴 글자를 쪼아낸 것과 거제부사 오수인吳守仁의 선정비가 포함되어 있어 그 배경이 궁금해진다. 이지러진 도로 모습과 마애비가 가진 궁금증을 품은 채 조곡관에 들어 오늘 여정을 접는다.

관문 사이 '원터' … 알고 보니 옛 동화원

원院은 고려시대 이래로 출장 관원을 위해 교통의 요충지와 인가

동화원

가 드문 곳에 둔 숙박시설이다. 조선시대에 이르러 원은 공무 수행자가 묵기도 했으나 대부분 장사치나 여행자에게 숙식을 제공하는 장소로 쓰였다.

제1관문과 제2관문 사이의 원터 앞 안내문에는 이곳을 조령원鳥嶺院이라 명기하였지만, 옛 지지에 조령원은 조령의 동쪽에 있다고 했으니 이곳이 조령원인지는 다시 살펴보아야 할 듯싶다. 〈신증동국여지승람〉 문경현 산천에 "조령은 현의 서쪽 27리, 연풍현의 경계에 있다"고 나오며, 같은 책 역원에는 조령원은 "새재의 고개 동쪽에 있다"고 나온다. 이 기록에 따르면 조령원은 충청도 연풍과 경계를 이루는 새재 동쪽에 있음이 분명해졌다. 그러면 이 원은 새재 안에 있던 신혜원新惠院, 조령원, 동화원桐華院 가운데 어느 것에 해당하는지 더 살펴볼 필요가 있다. 이 책에 동화원은 현의 서북쪽 15리에 있다고 했고, 또한 교귀정交龜亭 가까이에 있는 용추龍湫가 "새재 밑의 동화원 서북쪽 1리에 있다."고 나온다. 이로써 위치를 헤아리는 기준이 되는 문경현과 용추에서의 방향과 거리로 헤아릴 때 이곳은 조령원이 아니라 동화원으로 보인다. 더욱이 신혜원은 새재 너머 연풍 땅에 있으니 더 말할 나위조차 없다. 두 차례에 걸쳐 발굴된 원터의 상층 건물지에서 고려시대 온돌 유구가 나왔다. 이는 이곳에 원을 두고 새재를 교통로로 이용한 시기가 조선 태종 14년1414 이전부터 지속하였음을 일러주는 중요한 고고학적 증거다.

원의 바깥으로는 돌로 담장을 둘러 방비를 튼튼히 해 두었다. 바깥 담장은 곧게 쌓아 쉬이 넘을 수 없게 하였고, 안쪽 담장은 계단식으로 처리하여 마치 읍성의 축소판으로 여겨질 정도다. 원터의 뒤쪽으로는 망치등이라 불리는 능선이 뻗어 있다. 이곳에서는 그 생김

새가 망치와 비슷해서 붙여진 이름이라 하지만, 그 자리에 봉수대가 있으니 망보는 고개란 의미의 망치望峙라 여겨진다.

23

아리랑 한 자락 고개를 넘어간다

오늘 여정은 새재 아래 두 번째 관문인 조곡관鳥谷關에서 출발한다. 지난 여정에서 살폈듯 그 아래 조곡폭포와 응암 사이의 바위 벼랑에는 착암기 자국이 곳곳에 드러나 있어 머잖은 과거에 기계로 벼랑을 깎아 길을 넓혔음을 알 수 있다. 선형은 대체로 옛 경로를 유지하고 있다고 여겨지지만, 근년의 정비가 소홀하게 이루어졌음을 그대로 드러내고 있다. 또한 최영준의 〈영남대로〉에는 1970년대에 이곳 조곡관 아래에 박석薄石·옛길에서 지면의 유실을 막기 위해 깐 얇은 돌 포장 구간이 있었다고 했는데, 그 또한 살리지 못했으니 더욱 안타까운 일이다. 지난 2011년 12월 5일 유네스코 국제기념물유적협의회ICOMOS 한국위원회는 "국가명승지이자 백두대간 및 영남대로의 중심인 문경새재에 대해 세계문화유산 등재를 신청하기로 했다"고 밝혔지만, 그에 앞서 이 길이 가진 역사성과 옛길로서의 고유한 가치에 대한 철저한 고증을 바탕으로 차분하게 준비해 나가야 할 일이다.

조곡관

조곡관鳥谷關은 임진왜란 직후인 선조 27년1594에 충주 사람 신충원申忠元이 계곡이 좁고 산세가 험한 응암에 쌓은 성이다. 새재에 관방을 두자는 논의는 임진왜란이 발발한 그 이듬해인 선조 26년 6월 5일, 명에서 파견된 경략經略의 건의에서 비롯한다. 그렇지만 그때는 곧장 실현되지 못하다가 선조 27년 2월 19일에 유성룡의 건의로 관방을 두는 계기를 마련하였다. 〈선조실록〉에 실린 당시의 기사를 살펴보면, 경도京都의 상류이자 나라의 문호가 되는 충주를 지킬 방책

으로 조령의 형세에 밝은 충주 출신 수문장 신충원을 시켜 축성케 하였다. 이곳에 관문성을 둔 것은 신충원의 말에 잘 드러나 있는데, "조령의 고개 위에서는 길이 여러 갈래로 분산되어 있어 지킬 수가 없다. 고개에서 동쪽으로 10여 리쯤 내려오면 양쪽 절벽이 매우 험준하고 가운데에는 계곡물이 고여 있는데 왕래하는 행인들이 횡목橫木을 놓아 다리를 만든 곳이 모두 24군데인데 이곳을 응암이라 부른다. 만약 이곳에 병기를 두고 지키다가 적병이 올 때 다리를 철거하고 또 시냇물을 가로막아 두 계곡 사이로 큰물이 차게 한다면 사람은 발을 붙이지도 못할 것이다. 이어 활과 쇠뇌·마름쇠끝이 송곳처럼 뾰족한 서너 개의 발을 가진 쇠못·화포 등의 병기로 지키면 불과 1백여 군센 병사로도 조령의 길을 튼튼히 막을 수 있다"고 했다. 이렇듯 응암은 지금도 깎아지른 듯이 우뚝 서 있고, 그 아래에는 벼랑길이 있어 예전에 말을 타고 지나는 이는 누구나 내려서 갔을 만큼 험한 곳이었다고 한다. 이런 사실은 〈여지도서〉 문경현 형승에 "응암은 중성 아래에 있다. 동쪽에는 깎아지른 듯한 절벽이 있고 서쪽으로 큰 골짜기를 굽어보고 있다. 그 바닥에 돌이 깔린 길이 나 있는데, 50여 보는 아슬아슬하게 기울고 폭이 비좁아서 말머리를

제2관문 조곡관

돌리지 못한다"고 이곳의 도로사정을 표현하고 있다.

조선은 임진·병자의 양란을 겪은 뒤에 국방을 강화하게 된다. 인조·현종의 축성 논의를 거쳐 숙종 임금 때의 축성으로 이어졌다. 그 결과 이곳 새재에서도 숙종1674~1720 때에 성을 고쳐 쌓으면서 주흘관과 조령관에만 관방을 두고 이곳에는 조동문鳥東門을 설치하였다. 하지만 이 문은 구한말 항일의병전쟁 때 불에 타고 홍예문만 남아 있던 것을 1978년에 다시 세우면서 이름을 조곡관으로 고쳤다.

새재를 넘다

조곡관을 지나 머잖은 곳에서 조곡약수를 만나 목을 축이고 다시 길을 잡는다. 문경새재아리랑비를 지나 문경새재 물박달나무 홍두깨 방망이로 다 나간다고 노래하는 아리랑을 흥얼거리며 조금 더 내쳐 오르면 귀틀집과 이진터 사이에서 색시폭포를 만난다. 이 폭포는 근년에 발견된 너비 5~10m, 길이 100m에 이르는 3단 얼음 폭포인데, 지난 2006년에 공모를 통해 색시폭포로 이름 붙였다. 이즈음이 금의환향길이라 불리는 동화원 가는 큰길과 장원급제길로 이름 붙은 작은 길이 갈리는 곳인데, 우리는 큰길을 따라 걷는다.

바로 위에서 임진왜란 때 신립 장군이 모은 병사들이 진을 친 곳이라 전하는 이진터를 지나면 곧장 동화원桐華院 마을이 있던 곳이다. 이곳은 조령관에 못미쳐 있는 새재의 마지막 마을인데, 1970년대 이전까지만 하더라도 화전민이 많아서 조령초등학교 분교가 운영될 정도였다고 한다. 70년대 이후 화전민 이주정책에 따라 거의 모두가 떠

제3관문 조령관

났고, 지금은 한 가구가 남아 여행객들을 상대로 먹거리를 파는 산장을 운영하고 있다. 동화원또는 동애원이라 불리던 마을이 있던 곳은 옛 조령원이 있던 자린데, 바로 〈여지도서〉 문경현 역원에 "조령원鳥嶺院은 조령의 등마루 동쪽에 있었는데 지금은 못쓰게 되었다"고 했던 그 원이다.

조령원 옛터를 지나 다소 거친 비탈을 거슬러 오르면, 백두대간이 지나는 안부에 자리한 새재가 눈에 든다. 고개에는 조령관鳥嶺關이 그 위용을 드러내고 있고, 좌우에는 군막터와 산신각이 자리하고 있다. 성 아래에는 조령관을 쌓을 때 발견되었다는 조령약수가 지금도 길손의 갈증을 달래주고 있다. 새재 일원에 쌓은 조령진성鳥嶺鎭城은 〈여지도서〉 문경현 성지에 "숙종 무자년34년·1708에 성을 쌓았다. 남북으로 18리이며, 둘레는 18,509보이다"라고 나온다. 바로 이곳은 옛길

동래로영남대로와 통영로가 지나는 해발 645m의 새재인데, 이 고개가 영남 땅의 서쪽 경계를 이루고 고개를 넘으면 충청도에 발을 들이게 된다.

새재

새재를 이르는 옛 이름은 〈고려사〉 지 권11 지리2 상주목 문경군에 처음 초재草岾라 실렸다. 이 책에는 "험한 곳이 세 군데인데, 초재는 현 서쪽에 있다. 이화현伊火峴은 현 서쪽에 있다. 관갑천串岬遷은 현 남쪽에 있다"고 한 것이 그 사례다. 조선 전기의 각 지지에도 초재로 실리다가 〈신증동국여지승람〉에서 비로소 지금의 지명인 조령鳥嶺으로 나온다.

초재든 조령이든 그것은 새재에 대한 새김일 뿐이다. 앞의 예는 한자로 풀을 뜻하는 새억새, 남새 등의 뜻을 담은 초草에 고개를 이르는 재를 붙여 초재라 한 것이다. 점岾은 땅이나 절의 이름을 이를 때는 그리 읽지만, 고개를 이를 때는 재로 읽는다. 그러다가 한자로 초재라 적던 새재가 날짐승을 이르는 새 조鳥 고개 령嶺으로 달리 표기됨으로써 새재의 어원을 새도 날아 넘기 어려울 만치 높은 고개라는 뜻으로 풀고 있는 것이다. 그러나 우리 땅이름에서 개비리가 개와 상관없고 토끼비리가 토끼와 무관한 것처럼 이곳의 새재도 새와는 아무런 관련이 없다.

〈조선왕조실록〉에서 초재와 조령의 용례를 살피면 초재는 중종

16년 10월 30일 기사를 마지막으로 사라지고, 조령은 중종 3년 3월 5일 기사에 처음 나타난다. 그러니 〈신증동국여지승람〉이 간행된 중종 연간에 새재의 훈차 표기가 초재에서 조령으로 바뀌어 갔음을 알 수 있다.

그런데, 많은 선행 자료에서 새재의 의미에 대해 태종 14년1414에 새로 난 고갯길, 계립령과 이화령 사이새의 고개라 새재라 한다고 말하고 있다. 앞의 설에 대해서는 이미 〈고려사〉 지리지에서 문경현의 서쪽에 새재라는 험한 곳이 있다 했고, 조령원에 대한 발굴조사에서 고려시대의 온돌 시설이 확인되었으므로 부정될 수밖에 없다. 뒤의 설에 대해서도 죽령과 새재 사이의 계립령을 그리 부르지 않고, 새재와 추풍령 사이의 이화현 또한 그 사이에 있다하여 새재라 부르지 않으므로 역시 입론의 여지가 없어 보인다.

그렇다면 새재의 의미를 어떻게 새겨야 할지 고민해 볼 필요가 있다. 옛말에 동쪽을 일러 살이라 하고 그 변이형이 사라 또는 새가 되었다. 그래서 동풍東風을 샛바람이라 하고, 그것은 새바람에서 왔으니 새는 '동쪽'이라는 뜻이다. 그렇다면 새재를 모처의 동쪽 고개라 볼 가능성은 없을까. 이 점에 대해서는 기존 설에 대한 문제를 제기하면서 더 자료를 모아 파헤쳐 나가야 할 과제로 남겨 둔다.

충청북도

화개산 효자문 옛길

24

주막서 지친 걸음 달래고 낙동강 떠나 한강으로

새재에서 수안보까지

드디어 지난 길 걷기에서 새재 고갯마루에 올랐다. 새재에 오르는 걸음걸음마다 어느 것 하나 허투루 지나칠 것이 없으리만치 고갯길에 깃든 많은 이야기와 그것을 품은 역사는 매번 우리의 발걸음을 멈추게 했다. 이렇듯 문경 새재 옛길은 마음을 기울여 살펴야 할 게 많은 그야말로 길의 박물관이라 할 만한 곳이다.

이제 곧 내려서야 할 새재에 서서 산자분수령山自分水嶺이라 한 옛말을 가만히 헤아려 본다. 이 말은 산은 물을 나누는 고개라는 뜻이다. 나아가 산은 물을 건널 수 없고 물은 산을 넘지 못한다는 의미가 되므로 우리 국토의 근간을 이루는 산하에 대한 전통적 지리관을 잘 드러내고 있는 말이라 할 수 있다. 이제 우리 여정도 백두대간 줄기의 새재를 넘으면, 지금껏 걸었던 낙동강 유역을 벗어나 한강유역으로 든다는 의미다. 그럼 오늘부터 새재 마루에서 서쪽으로 흐르는 물줄기를 따라 한강으로 이르는 여정을 같이 떠나 보자.

신혜원

새재를 뒤로하고 고개를 내려서면, 충청북도에서 운영하는 조령산 자연휴양림을 지나 고사리마을에 든다. 내리막길이라 힘은 훨씬 덜하지만, 지금까지 걸었던 푹신한 느낌의 흙길은 사라지고 포장도로를 따라 걸으려니 그 홍취를 느낄 수 없어 아쉽기 그지없다. 저로서야 이 구간도 옛길이 복원되어 걸음이들이 새재를 사이에 두고 흙

길을 오르내릴 수 있기를 바라지만, 휴양림을 찾는 이들의 편의도 무시할 수 없을 테니 그러기가 쉬워 보이지는 않는다. 휴양림을 지나 조금 더 내려서니 지금은 영업을 하지 않는 마방터란 이름을 단 민박이 나온다. 이곳은 고사점古沙店이 있던 고사리古沙里다. 조금 더 내려서면 신혜원新惠院인데, 우리는 이 마을에서 다리품을 쉴 겸 길가 음식점에서 내놓은 평상에 앉아 파전에 막걸리로 목을 축인다. 예전 길손들도 우리처럼 주막에서 휴식과 활력을 얻었을 터이다. 바로 이곳은 신혜원이 있던 자리인데, 최영준의 〈영남대로〉에는 신혜원에서 주흘관을 지나는 비탈길에는 박석을 깔아 노면을 정비했다고 알려져 있다. 지난 조곡관 근처 웅암에서 보았듯 전 구간에 걸쳐 박석을 깐 것은 아니고 주요 지점에만 설비했던 것으로 보인다.

1872년에 제작된 연풍 일대의 지방지도에는 이 부근에 고사점과 판교점板橋店이 있다고 표시해 두었으니, 이 시기에 이르러 주막이 원을 대신한 것으로 보인다. 지금도 이곳은 옛 신혜원과 판교점에 대한 기억을 간직하고 있다. 마을 들머리에는 350살이 넘은 소나무 당목이 있고, 그 아래에는 고사리면古沙里面에서 세운 ㅁㅁㅁ애민선정불망비가 부러진 채 귀부 위에 세워져 있다. 또한 이곳에 세워져 있는 마을자랑비에는 이곳 신혜원이 널다리가 놓여 있어 판교점이라고 했다고도 나온다.

신혜원 옛터를 지나 내려오는 길에 뒤돌아본 조령산은 흰 구름 점점이 떠 있는 맑은 하늘을 배경으로 산을 덮은 녹음 사이로 흰 바위 벼랑이 그 모습을 드러내며 비경을 연출하고 있다. 이화여대 수련원을 지난 길은 이화령伊火嶺에서 내려오는 길과 만나 작은 새재 소조령小鳥嶺·330m을 넘으면, 충주시 수안보면에 든다. 비슷한 높이의 산자락을 따라 난 길을 걷다가 토종닭을 조리하는 음식점에서 내놓은 평상에 올라 다리를 뻗고 발품을 쉰다. 오늘은 일행이 많아서인지 더위 탓인지 쉴만한 장소만 나오면 쉬게 된다. 조금 더 걸으면 찬물내기냉천동라고도 하는 사시동에 이르는데, 예전에 이곳에는 주막이 있었다고 한다. 요즘처럼 무더운 여름에는 이즈음에서 주막을 만나지 못하면 탈진할 듯한데, 아주 기가 막힌 입지라 여겨진다.

안부역

사시말을 지나 안부역에 이르는 뇌실마을 길모퉁이에는 수령이 350년이 더 된 늙은 느티나무가 있어 길손에게 시원한 그늘을 제공해 주고 있다. 우리는 이곳에서 다리품을 쉬면서 얼음과자로 더위를 식힌다. 예서 안부역安富驛이 있던 대안보 마을까지는 15분 걸음이라고 이정표에 나와 있다. 뇌실에서 수안보로 가는 작은 고개는 새고개다. 문경에서 충주로 이르는 길에는 '새'라는 이름이 들어가는 고개가 여럿 흩어져 있음을 길을 걸으면서 보게 된다. 그 방향이 모두 충주의 동쪽인 것은 지난번에 살폈듯이 새재를 어느 곳의 동쪽에 있는 고개라 볼 수 있는 근거가 되지 않을까 곱씹어 본다.

고개랄 것도 없는 모퉁이를 돌면 바로 눈에 드는 마을이 안부역이 있던 대안보 마을이다. 지금도 마을에 드는 다리 앞에는 선정비들이 길가에 늘어서 있어서 이리로 옛길이 지났음을 일러주고 있다. 이 또한 어김없는 길의 경제학을 담고 있으니, 안부역이 이곳에 자리한 것은 새재와 이화령, 하늘재로 이르는 길이 갈라지는 교통의 요충이기 때문이다.

안부역은 단월역丹月驛과 함께 고려시대에는 광주도廣州道에 딸린 역이었는데 조선시대에 이르러 연원도連源道에 배속되었다. 〈신증동국여지승람〉 연풍현延豊縣 역원에 "안부역은 현 북쪽 28리에 있다"고 했고,

돌고개에서 본 안부역과 새재

〈여지도서〉 충청도 연풍현 역원에 "안보역安保驛은 연원도連源道에 속한다. 관아의 북쪽 25리에 있다"고 나온다. 이로써 역의 이름이 조선시대 후기에 안보로 바뀌었음을 알 수 있다. 대안부 마을에는 앞서 이른 선정비와 마방터를 비롯하여, 40여 년 전까지도 역에 딸린 것으로 전해지는 기와 건물이 남아 있었던 것으로 보아 이곳이 역터임을 헤아릴 수 있다.

안부역에서 수안보로 이르는 옛길은 대안보 마을을 거쳐 대안보 1길을 따라 고개를 넘는다. 바로 이 고개에는 돌로 만든 서낭당이 있어 돌고개라 했고, 달리 박석이 깔려 있어 박석고개라 부르기도 했다. 고개를 내려서니 온천으로 유명한 수안보에 든다. 옛적 길손들도 이곳 온천에서 여정을 마무리하고 노곤한 심신을 달랬을 터, 오늘은 예서 길을 접는다.

조산과 조정철의 사랑 이야기

돌고개와 이어지는 구릉을 이곳에서는 조산趙山이라 하는데, 그 이름은 고개 남서쪽 자락에 있는 조정철趙貞喆의 무덤에서 비롯한 것이다. 이 무덤의 주인공을 알게 된 것은 그리 오래되지 않았다고 한다. 그 존재를 처음 드러내게 된 것은 1994년 충주대학교 박물관에서 수행한 지표조사였다. 당시의 조사에서는 대안보에서 수안보로 넘어가는 박석고개 왼쪽에 치장이 잘된 무덤 셋이 있는데, 경상감사를 지낸 조감사趙監司의 묘라 전한다고 했다. 뒤에 양주조씨대종회의 검증

돌고개 남서쪽 조산 자락의 조정철 묘역

으로 순조 때 충청감사를 지낸 조정철의 무덤으로 확인되었다.

이제 무덤의 주인공을 알게 되었으니 조정철을 중심으로 제주 유배지에서 펼쳐진 홍윤애洪允愛와의 지순한 사랑 이야기를 살펴볼까 한다. 그는 1751년에 양주 조씨 17세손으로 태어나 영조 55년1775에 문과에 급제하여 벼슬길에 나섰다. 그러나 얼마지 않은 정조 1년1777에 정조 시해 사건에 주동적 역할을 한 장인의 역모죄에 연좌되어 제주 유배형에 처해지고, 머잖아 부인 홍씨가 자진하기에 이른다. 적소謫所에서의 처지는 모든 면에서 어렵기 그지없는 것이었으나, 이때 이

웃에 살던 스무 살 처녀 홍윤애가 삯바느질을 하면서 그의 뒤를 돌봐 주었다. 그녀의 정성 어린 돌봄은 서로의 마음에 사랑을 싹틔워 희망으로 자라게 했으나, 정조 5년 3월에 반대 정파의 김시구가 제주목사로 부임하면서 그들을 광풍 속으로 몰아넣는다. 그는 부임하자마자 조정철을 매로 쳐 죽일 작정으로 관아로 불러들여 초주검을 만들어 내보내었다. 이때 문밖에서 기다리고 있던 홍랑洪娘이 거두어 살려내니 김시구는 그녀를 잡아들이게 한다. 관가로 끌려가기 전 홍 여인은 두 달밖에 안 된 어린 딸을 언니에게 안겨 절로 보내고, 조정철에게는 '그대를 살리는 길은 내가 죽는 길밖에 없다.'는 말을 남기고 떠난다. 관가로 끌려온 홍 여인이 갖은 문초에도 굴하지 않자 자신의 뜻을 이룰 수 없음을 안 목사는 홍윤애를 목매어 죽인다.

이후 오랜 유배와 이배를 거쳐 풀려난 조정철은 1811년 제주목사 겸 전라도방어사를 자청하여 다시 제주를 찾는다. 목사로 부임하자마자 그는 곧 홍윤애의 무덤을 찾아 단장하고 손수 '홍의녀지비洪義女之碑'라 쓴 빗돌을 세워 죽음으로 지킨 그녀의 사랑을 기렸다.

25

강을 따라 자취 감춘 옛길…
흐드러진 박꽃 대신 반겨

지난 여정은 제주 유배 시절 홍윤애와의 지순한 사랑을 나누었던 조정철의 무덤이 있는 조산의 돌고개를 넘어 수안보에서 길을 접었다. 오늘은 우리나라의 대표적 온천 휴양지의 한 곳인 이곳 수안보에서 충주를 향해 길을 잡아 수회리-갈마고개-단월역에 이르는 구간을 걷는다.

수회리 가는 길

수안보에서 수회리로 이르는 길모퉁이에는 성황당과 옛길이 복원되어 있다. 성황당을 지나서 고개를 돌아 넘어가니 지금은 폐쇄된 유스호스텔이 있는데, 예서부터 길은 감입곡류하는 하천을 따라 열려 있어 꺾임이 심하다. 오산마을을 지나 봉화뚝마을을 거쳐 마당바위를 지나면서 우리 일행은 길가 노점에 들러 이곳의 명물인 충주 복숭아를 사서 허기를 달랬다. 이곳에서는 '패랭

이번던'이라고도 불리는 마당바위는 옛길을 일러주는 표지이며, 게서 수회리로 약간 더 가면 바위에 '현감서공유돈선정불망비縣監徐公有惇善政不忘碑'라 새긴 마애비가 있어 이리로 옛길이 지났음을 일러준다.

물이 돌아드는 곳이라 수회리水廻里라 이름 붙은 이곳은 옛 주막거리이자 수회참水回站이 있던 곳인데, 충주와 오가던 길목이라 교통의 요충이 된 것이다. 우리는 이곳에서 착각을 일으켜 국도 3호선이 지나는 갈마고개갈마현·渴馬峴에서 길을 되짚어 와서 엉뚱하게도 장고개를 넘고 말았다.

갈마고개

갈마고개는 충주의 남쪽에 있는 고개라 그런 이름이 붙었는데, 옛적에 이 고개는 충주와 연풍의 경계를 이루는 남쪽 토계土界였다. 〈여지도서〉 충원 도로에 "관아로부터 동남쪽으로 연풍부와의 경계에 이르는 갈마현대로渴馬峴大路는 30리다"고 했으니 이곳이 지경地境 고개였음을 알 수 있고, 그 길은 동래로와 통영로가 지나는 대로였다.

갈마고개에서 수회리로 되돌아오니 마을 회관에는 영조 37년 신사1761에 현감 정의하를 기려 세운 '현감정후의하청덕선정비縣監鄭侯義河淸德善政碑'를 볼 수 있었는데, 이 또한 길의 지시자다. 이때가 마침 중화참인지라 경찰학교와 가까운 음식점에서 점심을 들었다. 넉넉한 식사로 허기를 달랜 뒤인지라 밀려드는 식곤증과 피로감을 주체할 수 없어 짧은 잠에 빠져들었는데, 그만 주인장께 내침을 당하고 말았다. 아마 식전에 시킨 생맥주가 김이 빠진 걸 타박했더니 그네도 마음이 좋지 않았나 보다. 어쨌든 이날은 일진이 사나우려고 그랬는지, 잠이 덜 깬 상태에서 장고개를 향해 길을 잡았는데, 중간에 과수원이 들어서면서 길이 사라져 물어물어 이 고개 저 고개 오르느라 땀 꽤나 흘렸다. 마을 이름이 수회리라 그랬을까 물이 돈 게 아니라 우리가 멀쩡한 한낮에 링반데룽환상방랑에 빠져 버린 것이다.

새술막

어렵사리 고개를 내려서니 점말과 새술막 사이로 길이 나온다. 그날 우리가 이곳으로 내려섰을 때 마침 길가 하우스에는 고미술품 즉석경매가 열리고 있어 호기심에 잠깐 들렀더니 나그네의 걸음을 붙잡아 세울 정도는 못 된다. 내처 길을 잡아 새술막에 드니 여기는 예전에 마방馬房이 있던 곳이라 전한다. 마을 이름으로 보자면, 이곳에는 길손들을 위한 주막이 있었을 터이다. 〈여지도서〉 충원 방리 살미면에 나오는 신주막리新酒幕里가 바로 이 마을이다. 북쪽으로 조금 더 가니 원이 있던 원터마을이 나오고, 그 위는 좌수座首 노릇을 한 구실아치가 살았던 좌수동이다. 예서부터는 골이 깊어지는데, 소향산 마을을 지나면 도로와 나란히 흐르던 내가 달천達川에 섞인다.

대림산성과 봉수

이즈음에서 만나게 되는 산이 충주의 진산인 대림산大林山이다. 이곳에는 산성과 봉수가 있었는데, 대림산성은 〈신증동국여지승람〉에 이미 고적으로 분류되어 있어 오래전에 그 쓰임이 다했음을 알 수 있다. 대림산봉수에 대해서는 〈신증동국여지승람〉과 〈여지도서〉에 "대림산 봉수大林山 烽燧는 관아의 남쪽 10리에 있다. 남쪽으로 연풍의 주정산周井山으로부터 신호를 받아서 서쪽으로 마산馬山에 신호를 전한다"고 나와 있다.

이곳에서 달천과 나란하게 열렸던 옛길은 강가 바위벼랑을 깎아 낸 잔도棧道였지만, 지금은 이리로 3번 국도가 열리면서 옛길의 자취는 사라지고 없다. 옛 비리길을 덮어쓴 길가에는 물에 떠내려온 씨앗이 온통 박꽃으로 흐드러지게 피어 길손의 마음을 밝게 해 주고, 저물녘 달천 안 바위섬에는 왜가리가 떼 지어 앉아 날개를 쉬던 모습이 은빛 물결에 비쳐 흔들리는 실루엣으로 다가온다.

단월역 가는 길

이제 충주가 지척이다. 길손들의 발걸음이 어느새 단월역丹月驛이 있던 충주 들머리의 유주막柳酒幕에 닿았기 때문이다. 술막의 이름에 유柳가 붙은 것은 400여 년 전 월봉月蓬 유영길柳英吉이 이곳에 내려와 터를 잡았을 때, 그의 동생인 유영경을 비롯한 많은 유씨들이 드나들었기 때문이라고 한다.

이즈음에 있던 단월역은 연원도連源道에 딸린 역인데, 〈신증동국여지승람〉에 "예전 단월부곡의 땅인데 고을 남쪽 10리에 있다"고 했다. 〈여지도서〉에는 "연원역에 속한다. 관아의 남쪽 10리에 있다"고 했

달천 가의 단월역 가는 길

고, 〈대동지지〉에는 "본래 단월부곡이며, 남쪽 10리에 있다"고 했다. 그 자리는 지금의 유주막 마을의 취수장 일원으로 헤아려진다. 그런데 도도로키의 〈영남대로 답사기〉에 "〈대동지지〉에는 '단월역달천도에서 10리, 일운 유주막'이라 쓰여 있으며"라 했는데 어디서 전거를 구했는지 알 수가 없다.

단월역이 있던 단월동은 역이 있어 역말이라 불리기도 했다. 이곳은 임진왜란 때 신립申砬·1546~1592이 왜군을 막기 위해 병사 8천을 주둔시킨 곳이라 전해지지만, 이 전쟁에 앞서 간행된 〈신증동국여지승람〉에 충주의 형승은 "남쪽 방면의 인후咽喉에 자리 잡고 있는 땅이다"

고 한 점을 염두에 두었어야 했었다. 그랬더라면 하는 부질없는 생각을 되뇌며, 충열사를 향해 난 옛길을 따라 길을 잡아 걷는다. 옛길은 건국대학교 글로컬캠퍼스와 충열사 사이의 낮은 구릉의 남쪽 비탈에 연해 있는데, 지금도 옛 길가에는 정려각과 경주이씨효행비가 남아 있어 이곳이 옛길임을 일러준다. 하지만 충열사로 이르는 길은 만만찮다. 옛길은 최근 조성되고 있는 주택단지에 의해 소멸되었고, 충열사 일원은 사적으로 지정 보호되고 있어 외곽에 쇠로 만든 울타리를 둘렀기 때문이다. 충열사忠烈祠·사적 189호는 이곳 대림산 자락에서 난 인조 임금 때의 명장 임경업林慶業·1594~1646을 기리기 위해 숙종 23년1697에 세운 사당이다.

수안보 온천

수안보 온천은 〈고려사〉 권56 지10 지리1 양광도楊廣道에 "장연현長延縣은 본래 고구려 상모현上芼縣인데, 현종 9년1018에 지금의 이름으로 불렀다. 온천이 있다"고 한데서 그 존재를 처음 내보인다. 이 기록에 근거하여 이 지역에서는 수안보 온천의 최초 기록 시기를 고려 현종 때로 보고 있지만, 그것은 지명이 바뀐 것을 이른 것이므로 이때를 온천의 최초 기록 사례로 삼아서는 안 될 듯싶다. 조선시대에 들어서는 〈세조실록〉 5년 8월 12일 기사에 안보온정安保溫井으로 실렸고, 같은 책 7년 3월 4일 이래로는 연풍온정延豊溫井으로 나온다. 그 뒤에 나온 〈신증동국여지승람〉이나 〈여지도서〉에는 연풍현 온정에 "현의

수안보온천

북쪽 30리 안부역 서쪽에 있다"고 나온다.

온천수의 특성에 대해서는 수안보 온천 공식 홈페이지에 "이곳은 퇴적암계의 맥반석이 지층을 형성하고 있어 여러 광물질에서 나오는 성분을 풍부하게 함유하고 있으며, 수온은 53℃이고, 지하 250m에서 용출되는 산도 8.3의 약알칼리성 온천수다"라고 소개하고 있다. 또한 이곳 수안보 온천이 질병 치료를 위한 온천욕이 성행하였음은 〈청풍향교지〉와 상모면 사무소 옆에 세운 비석에 새긴 〈동규절목洞規節目〉에 전해지고 있다.

26

단호사 쇠부처·물 맛 좋은 달천…
여기가 충주

시절은 벌써 8월 하순에 접어들었건만 온 누리는 성하의 마지막 기세에 여태껏 뜨겁게 달아 있다. 길머리의 모사래들에 가득한 벼는 온몸으로 땡볕을 견디며 영글어 가고, 길가의 호박 이파리는 맥없이 늘어져 있다. 오늘은 충주 모사래들을 지나 달천을 건너는 노정을 따른다.

단호사

충열사를 나서서 보물 제512호로 지정된 쇠부처를 모시고 있는 도로 맞은쪽의 단호사丹湖寺에 들렀다. 이곳 단호사 철불鐵佛은 양식적으로 고려시대 불상의 특징을 잘 드러내고 있다. 다소 무서워 보이는 얼굴 표현과 도식적이고 두꺼운 옷 주름 처리 등은 충주 지역에 전하는 다른 철불과 닮아 있어 이곳의 지역성을 잘 드러내고 있다. 또한 이곳에는 고려시대에 조성한 것으로 보이는 작은 삼층석탑 한 기가 대웅전 앞에 멋들어지게 늘어진 소나무 아래에 자리를 차지하고 있어 절이 융성했던 시기를 일러준다.

달천나루 가는 길

달천나루로 이르는 옛길은 모사래들모랫들의 이곳 말에 열렸는데, 지금은 경작지에 묻힌 터라 우리는 농로를 따라 걷는다. 이곳 모사래들은 충주 팔경으로 꼽히던 곳으로 예전에는 겨울철에 이곳 모래들판

에 연출된 평사낙안平沙落雁을 그리 보았나 싶다. 이 들을 지나면 주막이 있던 원달천에 이르고, 옛길은 게서 충주 읍내로 이르지 않고 서쪽으로 달천達川을 건넌다. 지금도 달천진이 있던 강변에는 충주목사를 지낸 이들의 공덕비 네 기가 세워져 있어 이리로 옛길이 지났음을 알 수 있다. 옛길은 이곳 달천 나루를 통해 강을 오갔는데, 〈대동지지〉에 "서남 8리이며, 서울에서 영남대로를 통한다. 가물 때는 다리를 가설하였다"고 전한다. 예서 영남대로라는 익숙한 길 이름을 볼 수 있다.

달천

달천達川은 물맛이 좋기로 유명한 곳이었다. 〈신증동국여지승람〉 충주목 산천에 "이행李行이 능히 물맛을 변별하는데 달천 물을 제일이라 하여 마시기를 좋아하였다"고 하며, 〈임원경제지〉 상택지에 나오는 전국의 이름난 샘에도 실릴 정도로 물맛이 좋았다고 한다. 이 책에서 "호서 괴산군 서쪽에 위치한 달천은 괴강槐江의 하류 지역이다. 임진왜란 때 명나라 장수가 물을 마셔보고 '물맛이 여산廬山·중국 강서성

북쪽에 있는 명산의 물맛과 같다'고 하였다"고 했을 정도다. 달천이 남한강에 몸을 섞는 곳은 금천金遷인데, 이름으로 보아 강가 벼랑에 비리길이 열렸던 것으로 헤아려진다. 금천은 예전에는 근처의 물화가 모이는 큰 나루였다.

달천은 북쪽을 이르는 우리말 달의 소리와 내를 이르는 천의 뜻을 빌려 그리 적은 것으로 보인다. 창원시 의창구 북면의 달천과 통영로 노정의 개령 감천甘川·북천이 그러했던 것처럼 말이다. 또한 달천獺川이라고 써서 수달과 연결시키기도 한다. 물론 옛 충주의 특산으로 수달이 나오기도 했지만, 달이 북쪽을 가리키는 우리말임을 망각한 데서 비롯된 오류라 여겨진다. 이와 같은 대표적인 오류가 바로 달

달천과 나루터가 있던 자리

천 달내를 달래강이라고 한 것이다. 이곳에서 달내를 달래강이라고도 하는데, 그렇다면 여기에도 '달래나 보지' 유형의 전설이 있을 법하다. 아니나 다를까 자료를 찾아보니 정말 그런 이야기가 나온다.

검단점

달천을 건너면, 사공들이 살았다는 상용두 마을이다. 〈대동여지도〉를 보면 옛길은 요도천堯渡(夭桃)川 북쪽 기슭을 따라 열려 있지만, 그보다 한 세기 정도 앞서 만든 〈여지도서〉에 실린 충원忠原 지도에는 요도천의 남쪽에 그려 두었다. 최근에 나온 〈영남대로 답사기〉와 신정일의 〈영남대로〉 등에서는 모두 요도천의 남안으로 길을 잡았고, 우리도 이 길을 따라 걷는다. 찬샘백이를 지나면 요도천 건너편으로 검단점黔丹店이 있던 검단리가 보인다. 〈영남대로답사기〉에는 〈대동지지〉에 용안역用安驛에서 20리에 검단점이란 지명이 보인다고 했는데, 이는 〈대동여지도〉 14-3에 묘사된 리수를 그리 헤아린 것이라 여겨진다. 그 이전에 만들어진 〈조선도〉 권16에도 그렇게 나오기 때문이다.

마산봉수와 대소원

봉화뚝에서 대소원에 들기 전 그 남서쪽 봉화산은 마산봉수馬山烽燧가 있던 곳이다. 〈신증동국여지승람〉 충주목 봉수에 "마산봉수는

화개산 효자문에서 되돌아 본 옛길

동쪽으로 대림산과 심항산에 응하고, 서쪽으로 음성현 가섭산에 응한다"고 하였고, 〈여지도서〉에도 비슷한 내용이 실려 있다. 이곳 마산봉수는 부산시 금정구 다대포 응봉에서 비롯한 제2거 봉수로와 경남의 거제 등지에서 초기한 간봉이 만나는 거점 봉수로서 중요한 자리를 차지하고 있었다. 그런데, 〈대동여지도〉에는 이곳에 봉수 표시가 없으니 어찌 된 영문인지 알 수 없다. 봉화산 동쪽으로 난 길을 따라 3번 국도를 버리고 옛 지방도를 따르면 원이 있던 대소원大召院 마을에 든다. 대소원 자리는 지금의 대소원초등학교 즈음으로 헤아려 지는데, 조선시대 후기에 만든 지지와 고지도에 실려 있지 않아 일찍이 그 쓰임이 다한 것으로 보인다. 대소원은 크지 않은 마을이지만 지금도 국도와 지방도가 지나는 가촌을 형성하고 있어 길손이 한 끼 식사를 해결할 밥집이 여럿 있다. 마침 이곳을 지날 즈음이 중화참이어서 우리는 예서 오랜만에 손맛 좋은 시골 아낙이 지어 온 정식으로 넉넉히 배를 불리고 길을 나섰다.

대소교를 지난 길은 영평리 두산 마을에서 서쪽으로 방향을 틀어 요도천 북안으로 난 길을 따라 걷는다. 화개산 남쪽 기슭의 제내리堤內里·방죽안 구야마을에는 효자 김극충金克忠의 정려가 있어 옛길의 잣대가 되어 준다. 제내리를 지나 장록리 장록개 마을과의 경계에서 옛길은 서쪽으로 요도천을 따라 열렸지만, 그날 우리는 장록개에서 북쪽으로 난 525번 지방도를 따라 걷고 말았다. 그저 눈에 드는 대로 편안한 길을 따랐기 때문이다. 마음을 다잡지 못했으니 보아도 길이 보이지 않았던 것이다. 결국 그날의 마지막 여정은 〈대학〉 정심正心 편의 "마음이 없으면 보아도 보이지 않고, 들어도 들리지 않으며, 먹어도 그 맛을 알지 못한다"라는 구절을 값진 교훈으로 새기는 시간이 되었다.

달래강의 전설

배우리의 〈땅이름 기행〉에 그 내용이 전하고 있어 살펴본다. 옛날에 일찍 부모를 잃은 오누이가 농사를 지으며 함께 살고 있었다. 그러던 어느 날, 산에서 나무를 하고 집으로 돌아오던 길에 비가 많이 내려 강물이 불어 있었다. 하지만 이미 비를 맞은 뒤인지라 오누이는 그대로 강을 건너기로 했다. 그런데, 강을 건너면서 젖은 옷이 몸에 달라붙은 누이를 본 오빠는 본능적으로 정욕이 솟구쳐 올랐고, 잠시나마 본능에 어쩌지 못했던 오빠는 자책하며, 가지고 있던 낫으로 자신의 그것을 잘라 버린 뒤 곧 절명하고 말았다.

이를 본 동생은 "달래나 보지, 달래나 보지." 하며 슬피 울었다고 한다. 그 뒤로 이 강을 '달랬던 강'이라 해서 '달래강달내강'이 되고, 이것이 한자로 달천達川 또는 달천강이 되었다고 한다.

위의 달래강 전설은 달래고개 지명설화에 가탁한 유비설화로 여겨진다. 전국적으로 이런 유형의 설화는 곳곳에서 확인된다. 우리 고장의 창녕 길곡과 도천 사이의 '무정타고개'를 비롯하여 대표적인 것은 곧 만나게 될 경기도 판교에서 서울 서초 사이에 있는 달래고개에 깃든 전설이라 할 수 있다. 서울 들머리의 달래는 달내의 훈차인 월천月川 또는 현천懸川 등으로 표기한다. 이와 같은 표기는 이곳 충주의 달천達川과 의미에 있어서는 서로 닿아 있는 것으로 창원의 달천達川 감천甘川, 상주의 감천 북천北川이 달내를 그리 적은 것과 마찬가지다. 그러니 한자로 어찌 적든 모두 모처에서 북쪽에 있는 내라 그리 적은 것일 뿐인데, 달내가 북쪽의 내라는 의미를 잊게 된 이후에 달래강 전설과 같은 이야기로 윤색된 것이라 여겨진다.

27

가을바람은 안다…
사라진 옛길·터·절의 흔적을

이제 아침저녁으로는 제법 가을을 느끼게 되는 나날을 보내며 지난여름 끝나지 않을 듯 지리 했던 더위와 장마에 대한 기억을 새삼스럽게 끄집어 올려 본다. 성급한 남녘의 들판에는 벌써 벼가 제법 영글어서 고개를 살짝 숙이고 있다. 오늘은 용안역과 숭선참을 지나 장호원으로 이르는 길을 걷는다.

돌모루

당모루와 돌모루는 당을 끼고, 바위를 끼고 도는 모퉁이 길이 이리로 열렸음을 일러주는 정감 어린 우리말 지명이라 여겼는데 그렇지 않단다. 모루는 모가 져서 굽이도는 곳을 이르는 우리말이라 그런 생각을 하게 된 것이다. 그런데, 〈영남대로 답사기〉에는 후堠를 이르는 우리말이 모루라고 지금은 작고한 고지도 연구가 이우형 선생의 말을 빌려 그리 적었다. 그의 말대로라면 이곳에는 돌로 쌓은 그런 시설이 있었어야 했을 것인데 지금 그 자취도 없고, 사람들에게 물어도 그런 사실을 알지 못한다. 그렇다면 돌모루를 거리표지 시설로 보는 입장은 재고되어야 하지 않을까 싶다.

후는 조선시대의 교통로를 지시하는 중요한 잣대인데, 지금은 거의 모두 유실되고 실물이 남은 경우는 거의 없다. 다만,

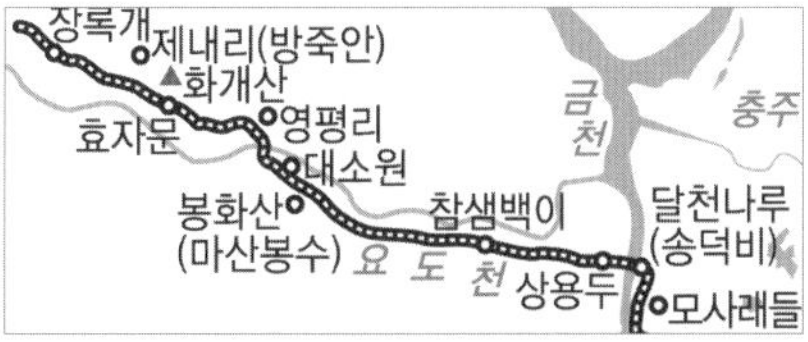

경남 함안군 산인면 입곡리에 이런 예가 남아 있다. 입곡리의 후는 돌을 돈대墩臺처럼 쌓고 그 꼭지에 선돌을 세우고 곁에 나무를 심어 두어 멀리서도 쉽게 눈에 띈다. 선돌의 앞에는 뭐라 글자를 새겼지만 마멸이 심해 알아보기 어렵다.

용안역 옛터 지나 원평리 미륵댕이 가는 길

용안역

신니면 소재지인 용원리 용원마을은 조선시대 연원역에 딸린 용안역用安驛이 있던 곳이다. 마을 이름이 그런 것은 용안역을 용원역龍院驛이라 부르기도 했기 때문이다. 용안역은 〈여지도서〉에 "관아의 서쪽 45리에 있다"고 했다. 이곳은 1919년 4월 1일에 200여 명이 모여 삼일 만세운동을 벌인 곳이기도 하다.

미륵원 미륵댕이

용원리 옆 마을인 원평리 미륵댕이는 미륵원彌勒院이 있던 곳이다. 이곳에 모신 돌부처는 고려 때 만든 것이고, 사원에서 원을 적극적으로 운영한 때도 이 시기라 이곳에 있던 원집은 그때부터 운영된 것으로 볼 수 있을 것이다. 〈신증동국여지승람〉 충주목 역원에 "미륵원은 고을 서쪽 50리에 있다. 이름을 광수廣修라고도 한다"고 했으며, 병자호란 때 불타고 복구되지 못했다. 그래서 〈여지도서〉에는 실리지 않았다. 그러나 이후로도 돌부처는 그 자리를 지키고 있어 길잡이 구실을 제대로 해왔다.

이곳에는 지방문화재로 지정된 미륵불도유형문화재 18호 한 기와 삼층석탑도유형문화재 235호 한 기 외에 석등의 간주석으로 보이는 석물이 있다. 주변의 절터에서 채집되는 기와 등의 유물에 근거할 때 이 절은 통일신라시대에 창건되어 고려시대에 번성했던 것으로 보인다. 이곳은 통영로와 동래로 등의 옛 대로변에 위치한 마을로서 예부터 사람들의 왕래가 잦아서 신라 선덕왕 때 사찰을 세워 선조사善祖寺라 칭하다가 병자호란 때 불타고 현재는 미륵불과 석탑 석등만 남아 있다.

미륵은 먼 미래에 중생의 교화를 위해 오시는 부처를 이르는데, 이런 신앙은 난세에 민중운동의 이념적 배경으로 작용하기도 한다. 동학혁명갑오농민전쟁 당시에는 봉기를 촉구했던 서장옥 부대와 이를 반대했던 손병희 부대가 이곳에서 화해하고 서울로 진격하기로 약조한 뜻깊은 곳이기도 한데, 그들이 이곳을 화해의 장소로 삼은 것은 미륵댕이 부처님이 그들의 바람을 들어주리라는 믿음 때문이었을 것이다.

미륵댕이 시무나무

또한 이 미륵부처 옆에는 시목으로 지정된 오래된 시무나무가 있다. 수령은 약 360살 정도이고, 나무 앞에 제단이 설치되어 있는 것으로 보아 마을 사람들의 보살핌을 받는 당목임을 알 수 있다. 시무나무는 이정목里程木으로 20리마다 심었다 하여 '스무나무'라 하던 것이 시무나무로 불렸다고 하는데, 그 어원을 상고하기가 어렵다. 이와 관련하여서는 방랑시인 김병연의 '시무나무 아래서'란 시에 이십수二十樹란 이름으로 나타난 예를 찾을 수 있지만 그것은 정식 명칭이 아니라 소리를 빌려 적은 것일 뿐이다. 또한 이 나무를 십리목十里木이라고 했다고도 하는데, 그렇다면 오리목五里木과 더불어 이정목으로 심었을 것으로 보인다. 하지만 이정목으로서의 시무나무의 사례는 거의 보고되어 있지 않고 성황림이나 당목으로 조성된 사례가 있을 뿐이다. 이곳 미륵댕이 시무나무는 가까운 용원역과 숭선참의 가운데에 위치하며 그 거리는 약 1.5㎞ 정도여서 이정목의 식재 간격인 오 리 또는 십 리와는 어긋나 있다. 이것은 이 시무나무가 이정목으로 심어진 것이 아니라는 의미라 할 것이다. 하지만, 이곳 충

미륵댕이 미륵불과 시무나무

청도 지역에서 전해 내려오는 나무노래에 "십리절반 오리나무 열의 갑절 스무나무"라 했고, 양주소놀이굿의 말뚝타령에는 "십 리 밖에 시무나무 십 리 안에 오리나무"라 한 것으로 보아 이 나무가 거리목 또는 이정목으로 인지되고 있었음을 알 수 있다. 중국에서는 회화나무를 이정목으로 심었고 일본에서는 이 나무가 자라지 않아 소나무를 심었다가 뒤에 팽나무로 대체하였다고 한다.

우리나라의 전통 역제에서는 10리마다 소후小堠를 만들고 30리마다 역을 두는 것을 대체적인 원칙으로 하였는데, 이에 무게를 둔다면 그 사이에 이런 나무를 심은 사례가 추가되어야 할 것이다. 또한 시무나무는 느릅나무 가운데 재질이 가장 단단해 수레바퀴의 축을 만드는 데 쓰여 축유軸楡라 한다고도 하니 어쨌든 전통시대의 교통과 관련 있음은 분명하다. 오리나무를 중국에서 오리목五里木이라 표기하는데 오리마다 이정목으로 심었기 때문이며, 시무나무는 이십리목二十里木이라고도 한다.

숭선참

미륵댕이를 지나 머잖은 문숭리 숭선마을에는 숭선참崇善站이 있었는데, 지금은 그 일대가 저수지가 되어 버렸다. 숭선참은 가까이에 있는 숭선사사적 제445호에서 비롯한 이름이며, 고려시대 사원에서 운영한 원에서 출발했을 것으로 보인다. 저수지의 동쪽 가에는 '용당이'라고 하는 지명이 있어 저수지가 들어서기 전에도 이곳은 물이 성하여 전통시대에는 이곳에서 더러 무제를 지내기도 했을 터이다.

28

옛 걸음 따라 걷다보면 이천 땅이 지척에

가을이 완연한 이즈음은 절기상 백로에서 추분으로 넘어가는 때다. 백로에서 첫 5일인 초후初候는 기러기가 날아오고, 두 번째 5일인 중후中候에는 제비가 강남으로 돌아가고, 추분과 가까운 말후末候에는 뭇 새들이 먹이를 갈무리한다고 한다. 이렇듯 철새들의 이동이 분명한 시점이 바로 이즈음인데, 조상들은 이때 내리는 비와 바람으로 한해 농사를 결정짓는 중요한 잣대로 삼았다. 그런데 요즘 내린 비와 바람은 심해도 너무 심해서 올 농사 갈무리가 걱정될 정도다. 오늘 여정은 숭선참 옛터에서 모로원-장자울고개-이진봉 앞길-응천-아홉살이고개구사리고개-관말-석원어재연 생가-석교촌을 지나 경기도에 드는 길을 걷는다.

모로원

숭선참 옛터에서 문락리를 지나 약 3km 정도를 걸으면, 모로원毛老院이 있던 모남리 모도원 마을에 든다. 모로원의 위치에 대해 〈신증동국여지승람〉 충주목 역원에 "우원隅院은 고을 서쪽 65리에 있다"고 했다. 〈대동여지도〉에는 숭선참에서 내를 건너 충주에서 60리 떨어진 곳에 모로원을 표시하였고, 〈조선도〉에는 고개 너머에 모도원慕道院을 그려 두었다. 돌로 둘러싸인 산모퉁이 앞의 당우리 돌모루에서 살펴

보았듯 모루는 '모가 져서 굽이도는 곳' 또는 '돌로 둘러싸인 산모퉁이'를 이르는 말로 여겨진다. 모로毛老·慕老는 한자의 소리를 빌려 그리 적은 것으로 보이며, 모도慕道·慕陶와 모독毛禿은 그 변이형으로 보인다. 그것은 모퉁이의 뜻을 지닌 모루의 음차가 모로毛老로 표기되고, 그 훈차 표기가 바로 원에 대한 첫 기록을 남긴 〈신증동국여지승람〉의 우원隅院이니 모로원은 모퉁이 모롱이 모루에 있는 원이라 그런 이름이 붙었을 것이다. 위에서 보았듯 모로 모도 모독은 모가 져서 굽이도는 곳을 이르는 모루를 표기하기 위한 여러 방식을 드러내고 있는 것이다. 그러던 것이 이곳의 지명 전설에서 보듯 모도원慕陶院을 도연명을 사모하여 그렇다느니 하는 생성설화를 갖게 된 것은 모루 모로의 의미를 잊어버린 뒤에 만들어진 이야기일 뿐이다.

장자울고개를 넘다

원이 있던 모남리는 수리산679.4m 남쪽 골짜기에 자리 잡은 아늑한 마을이다. 수리산은 차의산車衣山이라 적고 수레의산이라 풀기도 하는데, 그 뜻은 모두 중심 산을 이르는 수리산에 닿아 있다. 예서 옛길은 지금의 지방도 쪽이 아닌 장자울고개를 넘어야 하지만, 그 길이 험하여 길손의 짐을 노리는 도적이 자주 나타나므로 여럿이 모여 고개를 넘었다고 한다. 지금 장자울고갯길은 지방도가 남쪽으로 열린 뒤 오랫동안 묵혀지고, 최근에는 이곳에 골프장이 들어서면서 그나마 삼켜 버렸다. 이런 탓에 먼저 이 길을 걸은 옛길 걸음이들의 고생이 적잖았고, 우리 또한 그것을 피해 갈 수는 없었다.

어렵게 고갯길을 빠져나오니 습지로 변한 묵정논이 나타나 머잖아 마을이 있음을 예고한다. 골 안 깊숙이 자리 잡은 생리 중턱마을에는 노거수들이 마을을 감싸고 있어 마을의 이력이 만만찮음을 과시하고 있다. 안터마을을 거쳐 골을 빠져나오니 다시 옛길은 생리 중생마을에서 지방도와 만나게 되는데, 바로 이즈음이 〈대동여지도〉의 천곡泉谷으로 헤아려진다. 바로 이 마을 들머리에는 동요마을 동요학교 간판과 함께 윤석중 선생의 '고추먹고 맴맴'이란 동요비가 세워져 있다.

이진봉과 응천

예서 생극면 소재지를 향해 가는 길에 주막거리 두껍바위를 거쳐 임진왜란 때 진을 쳤던 이진봉夷陣峰·231.1m 북쪽으로 난 길을 따라 응천凝川을 건너 아홉살이고개로 이른다. 이진봉의 테뫼식 토성은 그 규모가 작아 보루의 수준이지만 남쪽의 음성 진천, 북쪽의 여주 이천, 남동쪽의 충주로 이르는 교통상의 요충지를 차지하고 있다. 이진봉 서쪽의 응천은 옛 이름이 수리내라고 하는 것을 보면, 응천鷹川 또는 응천凝川으로 적는 것이 옳아 보인다. 앞 응의 훈이 '수리'이고, 뒤 응의 훈이 '서리다'이니 모두 동쪽을 이르는 우리말 살 또는 사라를 적기 위해 그와 소릿값이 비슷한 훈을 가진 응鷹·응천이나 응凝·응천 또는 차車·차의산 등이 이 지역의 주요 지명에 남아 있는 것이다. 그것은 우리 지역 밀양강의 옛 이름이 응천이고, 그것의 우리말 이름이 살내인 것과 같은 이치다.

백로 중후 무렵의 아홉살이고개. 자욱이 낀 안개가 운치를 더한다.

아홉살이고개를 넘어 무극역 가는 길

곤지애 옛 주막촌을 지나고 웅천을 건너 험하지 않은 아홉살이구사리고개를 넘으면 쌀 맛 좋기로 유명한 경기도 이천利川 땅이 지척이다. 바로 이 고개가 옛적에는 경기와 충청의 경계를 이루었는데, 지금은 고갯마루에 큰바위얼굴공원이 자리를 차지하고 앉았다. 고개를 내려서면 〈대동여지도〉에 관촌館村이라 표기된 팔성산八星山·378m 남쪽 자락의 관말에 든다. 이 지도를 보면, 바로 그 서쪽에 무극역無極驛을 표시하였는데 관촌은 이 역에 딸린 역관 등의 건물과 관련되는 지명이다.

무극역이 있던 이곳은 경기·충청 양도의 경계를 이루는 곳이라 때에 따라 그 소속을 달리하기도 했다. 지금은 충청북도 음성군 생극면에 속하지만, 〈세종실록〉 지리지에는 경기도 광주목 음죽현陰竹縣으로 나온다. 음죽현현 중심지는 장호원읍 선읍리의 동남쪽 경계는 충주에 이르기까지 10리라 했으며, 관내에 둔 무극無極·유춘留春 두 역은 조선 태종 원년1401에 설치하였다고 했다. 한편 〈신증동국여지승람〉 음죽현 역원에는 "무극역은 현 남쪽 30리 지점에 있다."고 나온다.

석원

무극역 옛터에서 낮은 재를 넘어 돌원 돌안도란이라고도 불리는 석원石院에 든다. 예서 경기와 충청이 경계를 이루며 옛길은 도계를 넘나들며 걷게 되는데, 드디어 경기도 이천 땅에 발을 들이게 된 것이다. 〈조선도〉를 보면 이곳은 충주와 음성에서 올라오는 길이 만나고 갈라지는 교통의 요충으로 묘사되어 있다. 〈조선도〉 권16 사巳 오午를 보면, 모도원에서 생곡면-부용산芙蓉山-육십치六十峙-무극면을 지나는 여정이 묘사되어 있다. 석원은 무극역의 남서쪽에 표시되어 있다. 이로써 보자면 아홉살이고개는 이 노정의 육십치六十峙를 이르는 것으로 보인다. 석원의 바로 위쪽으로는 정문말이 있는데, 어충신정문魚忠臣旌門이 있어 붙은 이름이며, 그 안쪽 마을에는 충신 어재연魚在淵·1823~1871 장군의 생가가 있다.

어재연과 그의 생가

통영로 옛길 가의 산성 1리 양달말은 병인양요丙寅洋擾·1866년와 신미양요辛未洋擾·1871년 때 강화도에서 서양 제국주의 침략군과 격전을 치르다 순국한 어재연 어재순魚在淳·1826~1871 형제의 생가가 있는 곳이다. 생가가 자리한 곳은 충신의 고향답게 오래된 산성을 머리에 이고 있는 팔성산 남녘의 볕 잘 드는 곳이다.

장군은 병인양요 당시 프랑스 로즈 함대가 강화도를 침략하였을 때 병사를 이끌고 광성진廣城鎭을 수비하였고, 신미양요 때에는 진무중군鎭撫中軍이 되어 600여 명의 군사를 거느리고 광성보에서 미군을 맞아 싸웠다.

황현의 〈매천야록〉에는 "신미년 여름에 미국인들이 강화도를 침

어재연 장군 생가

범했는데, 전 병사 어재연이 순무중군으로 나가 싸우다가 패해 죽었다. 어재연은 군사를 이끌고 광성보로 들어가 배수진을 치고도 척후병을 세우지 않았다. 적군은 안개가 낀 틈을 타 엄습했으며, 보를 넘어 난입했다. 어재연은 칼을 빼 들고 싸웠지만 칼이 부러졌다. 그래서 연환鉛丸을 움켜쥐고 던졌는데, 맞은 자들이 그 자리에서 쓰러졌다. 그러나 연환마저도 다 떨어지자 적들이 그를 창으로 마구 찔렀다. 그가 반걸음도 물러서지 않고 그 자리에서 죽자 적들이 그의 머리를 베어 갔다"고 당시의 참혹한 상황을 묘사하고 있을 정도다. 이 전투에서 아우 재순과 더불어 그의 부대는 장렬하게 순국하였으니, 뒤에 병조판서에 추증하고 마을에는 정문이 세워졌다.

이런 정을 기려 지금의 정문말에 충장공 어재연과 그의 동생 어재순을 모신 충장사忠壯祠를 건립하고 두 충신의 정문을 세웠다. 정문말 안쪽에 있는 어재연 생가는 1800년대 초에 지은 것으로 추정되는 초가집으로, 앞에 넓은 마당을 두고 사랑채와 안채·광채가 모여 튼 'ㅁ' 자 형의 배치를 이루고 있다.

경기도·한양

달내고개를 내려서면서 본 원터 신원 일원

29

황금물결 가을 들녘…
주린 배 채워 준 넉넉한 인심

한가위를 지난 이즈음은 낮이 짧아지기 시작하는 추분을 지나 이슬이 얼기도 한다는 한로寒露가 가까워지는 때다. 들녘은 황금빛 물결로 덮였고, 감과 사과 따위의 제철 과일이 하루가 다르게 익어 가는 완연한 가을이다. 지난 여정을 마친 충청도 땅 경계에서 오늘 여정이 미칠 경기도 죽산의 매산 삼거리까지의 옛길은 지금의 지방도가 덮어쓰고 있다.

경기 땅에 들다

석원石院·돌원, 도란을 지나 죽산으로 길을 잡아가면, 경기도 이천시 율면 석산리 석교촌石橋村에 든다. 이곳은 옛적 음죽현감이 만든 돌다리가 있던 마을인데, 1990년대 중반에 318번 지방도를 건설하면서 없앴다고 한다. 옛길은 청미천의 지류를 건너 충북 음성군 생극면 용대리를 지나 경기도 이천시 율면 산양리 방축말에 들면서 충청도를 벗어난다. 이제 경기 땅에 들었으니 이 길의 종착점이 멀지 않음을 알겠다.

망이산성과 망이산봉수

망이산성은 지금은 마이산馬耳山·472m으로 불리는 망이산望夷山 정상부위의 내성과 북쪽 봉우리들의 마루를 따라 긴 네모꼴로 쌓은 둘레 2,080m의 외성으로 구성되어 있다. 내성은 백제시대에 흙으로

쌓은 것으로 그 둘레는 약 250m정도이며, 성안에서 고구려 계통의 기왓장이 출토되는 것으로 보아 고구려의 산성으로 헤아리기도 한다. 그것은 가까운 죽산이 고구려의 개차산군皆次山郡이었던 점에서도 충분히 가능한 이야기다. 정상에 서면, 서쪽을 제외한 북·동·남쪽 일대가 한눈에 조망된다. 지세는 절벽으로 된 남쪽은 험준한 편이지만 북쪽으로는 낮은 구릉과 그 너머로 평원이 넓게 펼쳐져 있다. 이러한 입지를 통해 볼 때 성의 방비 목적은 남쪽의 적을 대비하여 쌓은 것으로 보인다. 북쪽으로 저평한 구릉을 잇는 마루금을 따라 쌓은 외성은 통일신라시대 후기에 쌓은 것이며, 고려 광종 때에 크게 고쳐 쌓아 남부지방을 관할하는 전진기지 구실을 하였다. 하지만 조선시대 이래의 지지에 이 성에 대한 기록이 나타나지 않는 것으로 보아 이미 그 전에 성으로서의 쓰임이 다한 것으로 보인다.

이 산의 정상에 있는 망이산봉수는 〈세종실록지리지〉 충청도 충주목 봉수에 처음 나온다. 이 책에 "망이산 봉수는 동쪽으로 음성 가섭산에, 서쪽으로 죽산 검단산儉丹山에 응한다"고 나온다. 그런데 이 책의 다른 군현에는 그 이름을 망이성望夷城 봉수라 했다. 〈신증동국여지승람〉 충주목 봉수에는 "망이성 봉수는 동쪽으로 음성현 가섭산迦葉山에 응하고, 남쪽으로 진천현 소을산所乙山에 응하고, 서쪽으로 경기 죽산현 건지산巾之山에 응한다"고 나온 것이 그 예다. 이곳 망이산 봉수는 동래에서 출발하는 제2거의 직봉과 계립령과 추풍령을 넘어오는 간봉이 만나는 결절지점으로, 안성·용인·광주를 거쳐 서울의 목멱산 봉수로 전달한다.

이천시와 안성시의 경계에 있는 용산동은 〈대동지지〉에 용산등龍山嶝으로 나오는 곳이다. 예서 안성시와의 얕은 재는 두 시의 경계를 가르는 지경고개인데, 고개의 서쪽 마이산에 망이산성과 망이산봉수가 있다.

너본바위 가는 길

이곳에서 산성과 봉수를 살피고 고개를 내려서면 쉼터가 나온다. 우리 일행은 서둘러 길을 나서느라 아침을 챙기지도 못했는데, 이즈음에 이르니 허기를 참기 어려울 지경이다. 마침 길가에 내다 놓고 파는 과전에 들러 과일을 구하려 하자 마음씨 좋은 주인장은 상품 가치를 잃은 복숭아를 가득 내놓고 그저 먹으라고 권한다. 아마 우리 행색이 동정심을 불러일으켰나 보다. 주린 배를 채우고 다시 길을 잡아 나섰는데, 얼마지 않아 부르는 소리에 돌아보니 그새 주인장이 이곳의 특산품인 포도를 봉지 가득 담아서 가다가 먹으라고 쥐여준다. 눈물 나게 고마운 인심에 감사하며 힘차게 길을 잡아 나서니, 화봉리 판교마을 입구의 간판에 적힌 포도마을이 예사롭지 않게 다가온다. 이곳의 포도는 유기鍮器와 함께 안성을 대표하는 특산품이다. 안성 포도는 1901년 프랑스 외방선교회의 공베르 신부

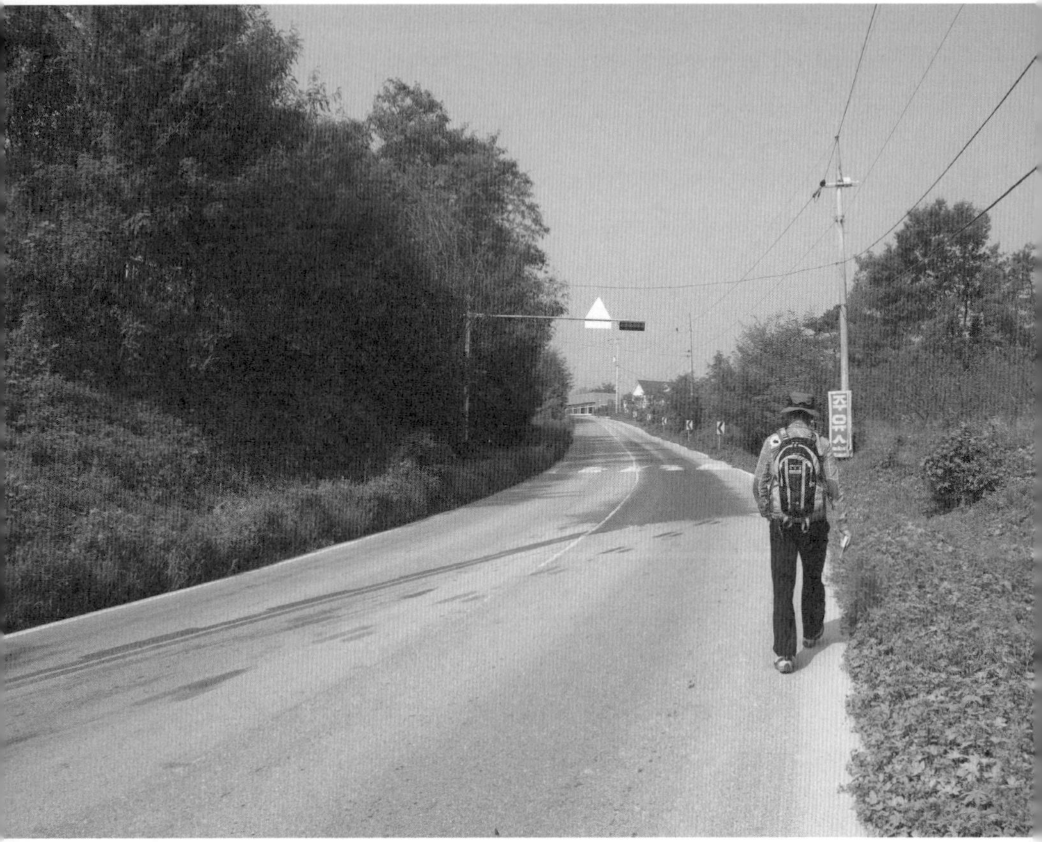

이천시와 안성시 경계에 있는 용산동에서 너본바위(광암) 가는 길

Gombert Antoine가 구포동 성당 구내에 마스캇, 함부르그 등 유럽계 종자를 심은 것에서 비롯한 것이며, 본격적인 대량 재배는 1925년부터인 것으로 알려져 있다. 포도가 유명한 화봉리는 〈대동지지〉에 광암廣巖으로 나오는 마을로 이곳에서는 '너본바위'라 부른다. 구체적으로는 지금의 화봉리 광천마을을 이르는데, 지금의 318번 지방도가 지나

는 화봉사거리 남쪽마을이다. 앞 책에서는 오늘 출발한 용산 등에서 이곳까지의 거리를 10리라 했다.

구제역의 살풍경

장암리는 '갈솔미' 또는 '가루살미'라 하는데, 이 마을에는 김유희金有熈의 효자정문1885년 명정과 그의 어머니 여양 진씨의 효부정문1871년 명정이 나란히 모셔져 있다. 원래는 이천 설성면 송계리 팔계마을에 있던 것을 1978년에 지금의 자리로 옮겨온 것이라 하니, 정려문을 길의 잣대로 삼으려면 이런 내력을 잘 살펴야 한다. 장암리는 축산업으로 유명한 곳이다. 하지만 지난 2011년 온 나라를 공포로 몰아넣은 구제역口蹄疫이 이곳을 휩쓸었고, 곳곳에 살殺 처분한 가축을 묻은 구덩이가 당시의 참혹한 모습을 전해주고 있다. 당시 이 살풍경한 현장을 목도한 필자는 큰 충격을 받았는데, 인간의 탐욕이 불러온 이 참상을 어떻게 참회해야 할지 지금도 고민스럽기만 하다.

죽산가는 길

장암리에서 죽산천을 건너 비석거리가 있는 죽산리로 이른다. 지나는 길에 천주교 죽산성지를 거쳐 가는 길가에서 무자수무자치, 물뱀가 개구리를 몸에 칭칭 감아 질식시키는 모습을 보게 되지만, 생태계의 먹이사슬이 작용하는 장면이라 간섭하지 않고 그냥 지나쳤다.

지금의 죽산은 한적한 소도시에 지나지 않지만, 전통시대에는 교통의 요충으로 중시된 곳이었다. 삼국시대에는 백제 고구려 신라가 차례로 차지하며 국경을 다투었고, 그런 전략적 중요성은 후삼국 통일전쟁 때에도 이어져 왕건과 견훤이 이곳을 두고 패권을 겨루기도 했다. 이후 고려가 이 지역을 차지하면서 남방 지역에 대한 전진기지로 활용하였고, 그 자취는 이곳의 망이산성·죽주산성·봉업사에 고스란히 남아 있다. 그 가운데서도 죽산 들머리의 봉업사奉業寺는 통일신라시대에 창건된 이래, 고려 광종 때에 이르러 태조 왕건의 전승지를 기리기 위해 왕의 진영을 두고 숭모했던 곳이다. 광종은 죽주지금의 죽산의 교통·전략적 중요성을 인식하고 봉업사와 함께 죽주산성과 망이산성을 정비하여 남방을 견제하는 거점으로 삼았다. 이런 교통 지리적 중요성은 고려 중엽에 몽골의 침입을 방어한 사실이나 공민왕이 홍건적의 난을 피해 문경으로 갔다가 돌아올 때, 이곳 봉업사에 모신 태조의 진영을 알현한 〈고려사〉의 기록으로도 헤아려 볼 수 있다.

봉업사지

죽주산성 남쪽 기슭에는 고려시대 진전사원眞殿寺院·돌아가신 왕의 진영을 모시고 명복을 비는 절, 조선시대의 원찰과 비슷하다인 봉업사奉業寺 터가 있다. 절의 이름이 확인된 것은 1966년의 경지정리 때 나온 향완과 금고쇠북에 새겨진 명문에 의해서다. 통일신라시대에 창건된 봉업사는 고려시대에 이르러 더욱 중시되었는데, 그것은 고려 태조의 진영을 모셨기 때문이다.

봉업사지 오층석탑 ©문화재청 문화유산정보

이런 사실은 〈고려사〉 공민왕 12년1363 2월 병자에 "죽주지금의 죽산에 행차하여 봉업사에서 태조의 진영을 알현했다"는 기록으로 방증된다. 최근의 발굴조사에서 준풍峻豊·광종 때의 연호, 960~963이라 새긴 명문 기와와 막새, 청자, 중국 자기들이 다량으로 출토된 것은 그런 전성기의 모습을 그대로 드러내고 있다.

절의 이름으로 보아 봉업사는 나라를 창업한 것을 기려 세운 호국 사찰로 헤아려진다. 그러나 1997년의 발굴조사에서 출토된 명문 기와를 통해 사찰의 창건 시기가 통일신라시대까지 거슬러 올라가며 그 이름은 화차사華次寺였음이 밝혀졌다. 봉업사지에 남아있는 유물은 죽산리 오층석탑보물 435호과 당간지주유형문화재 89호가 있으며, 이밖에 칠장사로 옮겨진 석불입상이 있다.

30

깊어가는 가을…
살랑살랑 갈대·버들 '길손 손짓'

이제 절기는 한로를 지나 서리가 내리기 시작한다는 상강霜降을 향해가고 있다. 가을의 마지막 절기를 맞아 겨울이 들기 전에 한 해 농사를 갈무리해야 하니, 며칠 전 독자투고에 실린 말마따나 "지금 농촌은 고양이 손도 아쉬울 때"다. 곡류 위주의 농사에 집중했던 예전에는 벼를 거두어들이고 그 자리에 보리나 밀을 파종하거나 남해나 창녕처럼 마늘이나 양파를 심고 나면 한숨을 돌리게 되지만, 우리 지역처럼 과수 영농을 하는 농가가 많은 곳에서는 지금부터 농번기가 시작되는 셈이다. 이때의 제철 음식으로는 국화전과 국화주를 꼽지만, 가을걷이에 바쁜 나날에 이런 호사를 누릴 이가 얼마나 될까 싶다.

죽산 비석거리

오늘 노정이 시작하는 죽산은 〈여지도서〉 경기도 죽산 형승에 "삼남으로 가는 중요한 길목으로, 서울을 지키는 군사 요충지다."라 한데서 지리적 특성이 잘 드러나 있다. 이와 같은 교통 지리적 요충으로 인해 죽주산성을 쌓아 그 방비에 힘써 왔던 것이다.

〈대동지지〉에는 이곳 죽산 비석거리의 북쪽으로 10리 지점에 있는 진촌陣村에서 길이 갈린다고 했고, 앞의 책과 짝을 이루는 〈대동여지도〉 14-4에는 진리陣里에서 죽산에서 양지로 이르는 남북로와 음죽에서 양성으로 이르는 동서로가 교차하는 것으로 그렸다. 오늘 노정은 예서 비석거리-분행역-진말-숫돌고개-원터이원·梨院를 거쳐 옛적에 장터로 유명했던 백암까지다.

매산리 석불을 지나 죽주산성을 향해 가다 보면 성 아래 길가에 여러 기의 빗돌이 모여 있다. 이곳이 〈대동지지〉에 비립거리碑立巨里로 나오는 비석거리다. 이곳에는 부사 심능석沈能奭 등의 선정을 기리기 위해 세운 8기의 빗돌이 모여 있는데, 바로 이리로 옛길이 지났음을 보여주는 귀중한 자료들이다.

죽주산성

태평미륵이 있는 등 뒤의 비봉산372m에는 1,688m 길이의 죽주산성竹州山城·경기도 기념물 제69호이 있다. 처음 이 성은 구릉의 정상부위를 따라 쌓은 둘레 270여 미터의 작은 테뫼식 성이었지만, 고려 때 외성을 쌓고 그 뒤 어느 때인가 서문지 아래에서 포루 사이를 잇는 중성을 쌓아 보기 드물게 세 겹으로 된 성이다. 그렇지만 원래의 성벽이 온전히 남아있는 것은 외성뿐이고 내성과 본성은 심하게 훼손되었다.

〈신증동국여지승람〉에는 당시의 전황을 다음과 같이 전하고 있어 그 내용을 옮겨 본다. 죽산현 고적 죽주고성에 "고려 고종 13년1226에 송문주宋文冑가 죽주방호별감이 되었는데, 몽고가 죽주성에 이르러 항복을 권유하므로 성안의 사졸이 나가 쳐서 쫓았다. 몽고가 다시 포로 성의 사면을 공격하자 성문은 곧 무너졌다. 성안에서도 포를 가지고 마주 공격하자 몽고가 감히 가까이 오지 못하였다. 몽고는 또 사람의 기름을 준비하여 짚에 부어 불을 놓아 공격하므로 성안의 사졸이 일시에 문을 열고 돌격하니 몽고군의 죽은 자가 이루 셀 수가 없었다. 몽고는 여러 방법으로 공격하였으나 마침내 함락시

키지 못하였다"고 했다.

이곳에 성이 두어진 까닭은 청주와 충주의 두 길이 만나 서울로 이르고, 서울에서 삼남으로 이르는 교통의 요충지이기 때문이며, 조선시대에도 이 지역의 전략적 중요성이 강조되어 성을 보수하였던 것이다.

분행역

분행역이 있던 분행마을

죽주산성 아래의 비석거리를 지나 북쪽으로 길을 잡아 나서면 휴게소를 지나 얕은 재를 넘어 매산리 분행 마을에 들게 된다. 마을 이름은 고려 때부터 그 자리를 지키고 있던 분행역分行驛에서 비롯했다. 역의 이름은 고려의 명문장가 김황원金黃元·1045~1117의 시에서 그리 읊었듯 길이 갈리는 곳이라 그런 이름이 붙은 것으로 보인다. 분행역 옛터로 드는 분행 마을 들머리의 바위에는 조선 후기에 죽산부사를 지낸 최숙崔橚과 이형수李馨秀의 선정을 기리는 빗돌이 있어 옛길의 자취를 전해준다.

분행역은 〈신증동국여지승람〉에는 “현 북쪽 10리에 있다”고 했고, 〈여지도서〉에는 “고을 동쪽 5리에 있다”고 나온다. 또한 앞 책에는 정지상鄭知常·?~1135 이규보李奎報·1168~1241 등 고려~조선 전기의 문장가들이 남긴 시가 전한다. 이들은 글에서 분행을 나누어 가는 갈림길로 이해하고 있으며, 역의 이름을 딴 분행루分行樓와 청미천옛 이름 북천으로 드는 용설천 가의 갈대와 길가에 버들이 늘어진 풍경을 그리고 있다.

숫돌고개를 지나 백암에 들다

분행역 옛터를 지난 길은 지금의 국도를 버리고, 죽산의 진산인 비봉산飛鳳山·372m 북쪽 기스락을 따라 걷는다. 예전에는 대로가 지난 관도지만 지금은 겨우 농로로 그 명맥을 어렵사리 이어가고 있을 뿐이다. 매산리 관암을 지나 옥산리 아송에서는 얕은 재를 넘어 청미천 가로 내려와 한다리보를 건넌다. 청미천은 〈대동여지도〉에 북천으로 나

와 있는데, 죽산의 북쪽으로 흐르는 내라 그런 이름이 붙었을 것이다. 보를 건너서 다다른 한다리는 구한말 지형도에는 반월리半月里로 나온다. 한다리를 지나 고안리 아곡에서 옛길은 17번 국도와 만나게 되어 대체로 이와 비슷한 선형을 따라 용인으로 이른다. 최영준의 〈영남대로〉에는 에서 죽산까지 이르는 길을 아곡 남쪽의 길마재를 넘는 지금의 국도와 같은 노선으로 파악하였지만, 구한말 지형도에 의하면 우리가 걸은 선형이 옛길임을 알 수 있다.

17번 국도의 백암면 들머리에는 '백옥쌀 순대의 고장 백암면입니다'라고 쓴 간판이 길손을 맞는다. 에서 1.5km 정도를 걸으면 예전에 진陣이 있던 진말진촌에 든다. 〈대동지지〉에는 비석거리에서 10리며, 길이 갈리는 곳이라 했지만 앞서 본 바와 같이 실제 갈림길은 분행을 지나 비석거리 일원에 있었다. 숫돌고개는 진말에서 백봉리로 이르는 그리 높지 않은 재다. 백봉리에서 백암면 소재지까지는 들과 산기슭이 만나는 기스락을 따라 난 길을 따라 걷다가 원대교를 지나면 원이 있던 원터마을에 든다. 이곳은 그 거리와 방향을 따져 볼 때, 〈신증동국여지승람〉에 "현 서북쪽 15리 지점에 있다"고 한 이원梨院으로 헤아려진다. 원터를 지나 들을 질러 난 옛길을 따라 들면 바로 백암장白巖場이 있던 백암이다.

매산리 석불입상

지난 여정을 마친 죽산 봉업사 터에서 비석거리를 향해 1km 정

매산리 석불입상 ©문화재청 문화유산정보

도를 걸으면, 태평원이 있던 미륵당에 든다. 이곳 미륵당에는 매산리 석불입상 또는 태평미륵이라 불리는 큰 돌미륵이 길 가는 나그네를 불러 세운다. 높이 5.7m에 이르는 거불이며, 머리에 쓴 보관을 제외한 몸통은 한 덩이의 화강암으로 만들었다. 이와 같은 거불은 양식적으로 논산의 개태사開泰寺·940년 준공 석조삼존불상보물 제219호을 계승한 것으로, 고려시대에 충청도·경기도 일대에서 주로 제작되었다. 이 석불과 비슷한 유형으로는 논산 관촉사觀燭寺와 부여 대조사大鳥寺의 석조보살입상을 견주어 볼 만하다. 매산리 석불입상은 앞의 두 작품에 비해 크기가 작고 옷 주름 등의 표현이 더욱 형식화되었으며 조각 수법도 거칠어 고려 중엽에 만들어진 것으로 보인다.

이 석불의 건립 시기에 대한 다양한 설화가 전한다. 몽골군이 침입해 왔을 때 이곳 죽주산성에서 몽고군을 물리친 송문주와 처인성에서 살리타이를 죽인 김윤후의 우국충정을 기리고 그들의 명복을 빌기 위해 그 무렵에 세웠다는 설이 있다. 이와 달리 조선 영조 임금 때 이 지역에 살던 최태평崔太平이란 부자가 자신의 잘못을 뉘우치고

빈민 구제와 호국의 염원을 담아 건립했다는 설이 있어 조선시대 후기 작품으로 보기도 한다. 하지만 최태평 관련 설화와 이 불상을 태평미륵이라 하는 것은 이곳에 있던 태평원太平院에서 비롯하여 덧붙여진 것으로 보인다. 〈신증동국여지승람〉 죽산현 역원에 "태평원은 현 동쪽 5리 되는 곳에 있다"고 했으며, 같은 책 고적에 "죽주고성은 현 동쪽 5리 되는 태평원 북쪽에 있다"고 한 사실이 그 예증이기 때문이다. 그러니 최태평 관련설은 태평원에 빌붙어 뒤에 만들어진 이야기로 여겨지며, 그 양식은 고려시대 중엽에 만들어진 특징을 잘 드러내고 있다.

31

붉게 물든 옛 길만이
나그네 발길 이끌고

오늘은 순대가 맛있는 백암리를 출발, 근곡사거리에서 서쪽으로 길을 잡아 용인을 향해 걷는다. 근곡리 앞을 흐르는 청미천옛 이름은 대천(大川) 물녘의 갈대며 억새는 하얗게 새 버린 머리를 풀고 겨울 맞을 채비를 하고 있다. 물가의 제법 너른 들은 벌써 가을걷이를 마쳤고, 곱게 단풍이 든 가로수 아래로 배추를 싣고 집으로 향하는 경운기 행렬조차 목가적 풍경으로 와 닿는 계절이다.

좌찬역 옛터 가는 길

태평촌太平村을 지나 가좌리의 맞은바라기에 보이는 들에는 미륵뜰미륵평·彌勒坪이란 이름이 붙어 있으나 그 내력은 알 수 없다. 북쪽으로 길을 잡아 행군이로도 불리는 토성이 있는 행군리行軍里 들머리의 원삼사거리에 이르면 멀리 좌찬고개가 바라보인다. 곧바로 걸어 고개 아래의 좌찬역佐贊驛이 있던 좌항리 좌전마을에 드니, 이제 겨우 백암에서 10를 걸은 셈이다. 좌찬역은 〈고려사〉 참역 경주도慶州道에 딸린 15역 가운데 하나로 죽주의 좌찬으로 나온다. 〈신증동국여지승람〉과 〈여지도서〉 죽산현 역원에는 "고을 북쪽 50리에 있다"고 했다. 이 역을 거쳐 가는 도로는 수도 한양에서 삼남으로 오가는 큰길이어서 〈여지도서〉 죽산현 도로에는 이곳 좌찬역을 잇는 길이 좌찬역대로佐贊驛大路로 나와 있다.

그 동쪽 태봉산 옆 건지산은 봉수가 있어 이곳에서는 봉화뫙오리라 부른다. 〈세종실록〉 지리지 죽산현에 "봉화가 1곳이니, 현의 북쪽 건지산巾之山이다. 일명 검단산劍斷山이라 한다. 동쪽으로 충주 망이성望伊城에, 서쪽으로 용인 석성石城에 응한다"고 나온다. 〈신증동국여지승람〉 죽산현 봉수에는 "건지산봉수는 동쪽으로 충청도 충주 망이산望夷山에 응하고, 서쪽은 용인현 보개산寶蓋山에 응한다"고 싣고 있다. 마을을 둘러보고 좌찬역 옛터를 나서서 194.7m 높이의 낮지 않은 좌찬고개를 넘어 양지로 향한다.

좌찬고개

좌찬고개는 양지와 용인의 경계에 있는 지경 고개인데, 고갯마루 아래쪽에는 짐승의 형상을 닮은 듯도 한 커다란 바위가 팽나무 군

좌찬고개 가는 길에서 만난 큰 바위
팽나무 군락에 싸여 이정표 역할을 하고 있다.

락에 둘러싸여 있어 옛적 길손들의 이정표 구실을 제대로 해내었을 성싶다. 바로 이곳을 지나 고갯마루에 올라서면 즐비하니 늘어선 음식점들이 길손의 발길을 잡는다. 몸은 길을 안다고 했으니, 발이 이끄는 대로 가까운 음식점에 들러 허기를 달래며 잠시 쉬었다 떠난다.

옛 지지에 이 고개는 관애關阨로 분류되어 있어 교통 및 군사상 요충으로 인식되고 있음을 알 수 있다. 〈여지도서〉 죽산현 관애에 "좌찬현은 고을 북쪽 50리에 있다"고 했음이 그 예증이다. 좌찬고개의 지명유래와 관련하여 1차 왕자의 난에 따른 논공행상에 불만을 품고 비방을 일삼은 박포朴苞·?~1400가 이곳에서 귀양살이한 이야기가 전해 오고 있다. 좌찬성 벼슬을 지낸 그가 당시 죽주에 속했던 이곳 좌항리에서 귀양을 산 데서 좌찬리가 되었다는 것이다. 하지만 고려시대에 이미 같은 이름의 좌찬역이 있었으니, 공교롭게도 역과 이름이 같은 그의 벼슬이 겹치면서 가탁한 이야기일 뿐이다.

양지 가는 길

좌찬고개에서 예전에 세곡을 보관하던 창고가 있던 도창마을을

근곡사거리에서 태평촌 가는 길
붉게 물든 가로수 아래 배추를 가득 싣고 가는 경운기가 가을의 풍경을 더한다.

지나 낮은 용구리고개를 넘는다. 이 고개를 넘어 양지로 가는 중간 지점인 새말에는 김상익의 효자비가 있어 이리로 옛길이 지났음을 일러준다. 이곳 새말은 좌찬역을 지나 양지를 들르는 에둠길과 용인으로 향하는 지름길이 갈리는 곳인데, 무슨 까닭인지 옛길은 질러가는 길을 따르지 않는다. 아마 역도 개설의 목적이 왕명을 전달하는 데 두어졌기 때문일 것이다. 〈대동여지도〉 14-4에는 새말에서 추계秋溪를 건너 옛 양지현으로 드는 길이 묘사되어 있다. 추계라 했으니 양지의 남쪽 내인 갈가을내를 그리 적은 것으로 여겨진다. 지금도 양지의 동북쪽에는 옛 추계향秋溪鄉이 있던 추계리가 있다. 옛 현의 중심지는 지금의 양지면소재지가 되었고, 이곳 면사무소에는 양지현감을 지낸 김덕붕의 선정을 기려 1576년에 세운 선정비를 비롯한 빗돌 8기가 옮겨져 있다. 동네 한가운데에는 마을의 입구를 표시하던 비석이 서 있었다는 이문里門터가 있었다고 전하지만, 지금은 자취를 살피기 어렵다.

용인 가는 길

양지를 지나 월곡에서 재넘이고개를 넘어 송동 신평으로 이르는 길 남쪽의 송문리 정문旌門마을은 조선시대 후기의 효자 송지렴의 효자 정려문에서 비롯한 이름이다. 송동을 지나 신평에 들면, 살아 진천 죽어 용인이라 했던 용인 땅의 언저리다. 지금의 이름을 갖게 된 것은 조선 태종 13년1413인데, 용구龍駒와 처인處仁의 앞뒤 글자를 따서 용인이라 했으니 2013년에 그 이름을 가진 지 600년이 됐다. 조선시대의 용인은 지금의 기흥구청 일원이 중심지였고, 김량장동 일원은 상업과 교통의 요충지였다. 운학천과 양지천이 합류하는 용인시종합운동장 서쪽의 술막은 옛 교통의 요충지가 이곳임을 일러주는 지명이다. 바로 이즈음은 고려 때부터 이어져 온 김량장金良場이 있던 곳으로 술막 또한 번성했던 장시의 자취를 간직한 이름임을 알 수 있다.

김량장은 김령역에서 비롯한 이름이, 뒤에 '김량장'으로 변한 것으로 보인다. 달리 일설에는 김량金良이라는 장군이 산 곳이라 그의 이름을 따서 김량이라 했고, 뒤에 그곳에 장이 열려 김량장이라고 불렀다고도 한다. 이밖에도 이곳의 지명을 풀어 '양질의 금이 나오는 곳', '쇠가 많이 나는 고개' 등 다양한 유래가 전해 온다. 하지만 역사적 사실과 관련하여 살피면, 그 서쪽의 김령역에서 비롯한 이름일 가능성이 높아 보인다. 특히 마지막 설은 김령金嶺이란 역의 이름을 푼 것이니 그런 혐의가 짙게 배어난다. 어쨌든 지금의 김량장동은 이런 유래를 가진 곳이며, 지금도 5일과 10일에는 정기 시장이 열려 옛 전통을 이어가고 있다.

김령역

신도시 용인을 벗어나는 즈음의 역북동 역말은 양재도良才道에 딸린 김령역金嶺驛이 있던 곳이다. 역북동이란 지명은 지금의 국도 42호선 남쪽에 있던 김령역의 북쪽이라 이름 붙은 것이다. 역 이름 김령은 우리말로 쇠재·새재이니 옛 용인의 중심지인 기흥의 동쪽 고개 아래에 있어 그런 이름이 붙은 것으로 여겨진다. 그러하다면, 멱조현 또는 메주고개의 지명유래설화는 달리 이해되어야 할 것이다.

부아산과 멱조현

부아산負兒山은 〈동국여지지〉(1656)에 "현 남쪽 20리에 부아산이 있다. 봉우리 위에 또 작은 봉우리가 있는데, 마치 사람이 아이를 업은 형상과 같아서 이름 붙인 것이다"라 했고, 〈대동여지도〉 14-4에는 멱조현覓祖峴 동북쪽에 부아산이라 적어 두었다. 이 산의 남서쪽 잘록이에 자리한 멱조현은 용인과 기흥을 넘나드는 고개로 달리 메주고개라고도 하며, 다음과 같은 지명 전설이 전해 오고 있다.

예전에 가난하지만 홀아버지를 모시고 어린 아들을 키우며 단란하게 사는 부부가 있었다. 그러던 어느 해, 남편이 나라의 역에 나가 오래 집을 비우게 되었고, 그동안 역에 나간 아들을 대신해 시아버지가 나무를 해다 팔아서 생활해 나갔다. 시아버지가 나무를 내다 팔고 돌아올 때쯤이면 며느리는 언제나 아이를 업고 고갯마루에 올라서 기다리곤 했다. 그러던 어느 날이었다. 그날은 밤이 깊도록 시아버지의 귀가가 유난히 늦어지고 있었다. 기다리다 못한 며느리는 아이를 업은 채 시아버지를 찾아 나섰다가 그만 길을 잃고 헤매고 만다. 그렇게 얼마나 헤맸을까. 어디선가 사람의 비명이 들려오기 시작한다. 며느리는 혹시 시아버지가 아닌가 하여 한달음에 달려갔더니, 과연 그곳에는 시아버지가 호랑이 앞에서 죽을 지경에 처해 있었다.

이를 본 며느리는 호랑이에게 "네가 정말 배가 고파서 그런다면 내 등에 업힌 아이라도 줄 테니 우리 시아버님은 상하게 하지 말라"고 애원했다. 그러고는 아이를 호랑이 앞에 내려놓자, 호랑이는 아이를 물고 어디론가 사라졌다. 겨우 정신을 차린 시아버지는 손자를 잃은 슬픔에 어찌할 바를 몰라 하며, "나는 늙었으니 죽어도 한이 없는데, 어째서 어린아이를 죽게 했느냐?"고 나무랐다. 그랬더니 며느리는, "아이는 다시 낳을 수 있지만 부모는 어찌 다시 모실 수 있겠습니까?" 하며 시아버지가 마음 상하지 않도록 달랬다고 한다. 그 뒤로 사람들이 며느리가 아이를 업고 헤맨 산을 부아산이라 하고, 그 아래의 고개는 할아버지를 찾던 고개라 하여 멱조현이라는 이름이 붙었다고 전한다.

32

가을 가고 겨울 머무는 길…
용인의 어제와 오늘 만나다

이즈음 무척이나 쌀쌀해진 아침저녁 기온은 벌써 입동을 지나 소설에 이르렀음을 실감케 해 준다. 이제 길가의 풍경도 가을의 모습은 거의 다 지워져 버렸고, 다만 도시의 가로수에 달려 있는 몇 남지 않은 이파리에서 마지막 가을의 뒷모습을 볼 수 있을 뿐이다. 오늘은 이렇게 계절이 교차하는 시점에서 현대의 용인을 나서서 멱조현을 넘어 옛 용인으로 이르는 길을 걷는다.

어정개 가는 길

김령역을 지나 10리 지점에 있는 직곡直谷·달리 직동이라고도 함은 남쪽의 양성 안성으로 이르는 길이 갈리는 분기점이다. 여기서 다시 북쪽으로 10리를 가서 어정개於汀介를 지나 아차치를 넘어 옛 용인에 든다.

메주고개멱조현를 넘어서면 옛 용인의 중심지인 기흥이다. 고개를 내려서면서 동북쪽으로 바라보면, 멀리 석성산성과 봉수가 눈에 들어온다. 석성은 꼭대기에 돌로 쌓은 성을 이고 있어 그리 불렀는데, 달리 보개산寶蓋山이라고도 한다. 〈세종실록지리지〉에 "보개산석성은 현 동쪽에 있다. 높고 험하며, 둘레가 9백 42보이다. 안에 작은 우물이 있는데, 가뭄을 만나면 말라 버린다"고 했다.

〈신증동국여지승람〉에는 "보개산은 관아의 동쪽 13리에 있다"고 했다. 산성은 같은 책 고적에 보개산성寶蓋山城으로 실려 있고, "석축이며 둘레는 2천 5백 29척이었는데, 지금은 모두 무너졌다"고 나온다. 이곳의 봉수에 대해서는 동쪽으로 죽산현 건지산巾之山과 응하고, 북쪽으로 광주 천천현穿川峴에 응한다고 했다. 또한 〈대동지지〉에는 "보개산고성寶蓋山古城·속칭 고성(姑城)은 지형이 험요하고, 직로의 요충에 있다. 우측으로는 독성禿城을 끌어당기고 좌측으로는 남한성南漢城과 이어져 있다. 둘레는 2,529척이다"고 전한다.

고개를 내려서는 길에는 초당草堂이 있던 초당골, 부자가 살았다는 장자골, 능모랭이를 지나 어정에 든다. 어정은 〈대동지지〉에 나오는 어정개於汀介로서 김령역에서 예까지는 20리 거리다. 이 책에는 김령역과 어정개 사이에 갈림길인 직곡이 있다 했는데, 지금의 지도에서는 그런 지명도 갈림길도 찾을 수 없으니 앞으로의 숙제로 남기고 지난다.

구흥역

어정을 지나 여차치를 넘으면 옛 구흥역駒興驛이 있던 곳으로 헤아려지는 언남동에 든다. 〈세종실록〉 지리지에 "구흥의 본 이름은 용흥龍興인데, 정승 하륜河崙이 지나다가 이르기를, 용흥은 참역의 이름으로는 맞지 아니하다"하고, 지금의 이름으로 고쳤다고 전한다. 그 이름에 용이 구름을 얻어 하늘로 올라간다는 뜻을 품었으니 그로서는 마뜩하지 않았을 것이다. 〈여지도서〉에는 구흥역은 읍치에서 남쪽으로 5리 떨어져 있고 금령역과 25리 거리이며, 금령역보다 보유한 말과 인원이 많은 것으로 보아 규모가 더 크고 이용도도 높았던 것으로 헤아려진다.

구흥역의 위치는 〈대동여지도〉 14-4에 보개산 남서쪽 갈천葛川 물녘의 북쪽에 그려져 있다. 갈천을 〈신증동국여지승람〉과 〈여지도서

〉 산천에는 구흥천駒興川이라 하고, 구흥역의 남쪽에 있다고 했다. 이는 갈천이 구흥역의 남쪽 내라는 의미임을 읽을 수 있는 대목이다.

옛 용인 가는 길

19세기 말엽에 제작된 지도에는 고개를 내려서 어정개를 지나면 하마비가 있고, 읍치는 따로 성을 쌓지 않고 객사와 아사 창고 등으로 구성되어 있다. 이 지도에 묘사된 대로 길을 걸으니, 호수공원 삼거리에서 서북쪽으로 길을 잡아 옛 가구거리로 변한 어정개를 지난다. 이곳에서 아차치를 넘어 법무연수원 앞에서 서쪽으로 길을 꺾어 언남동에 있는 하마곡에 든다. 이곳 하마곡은 읍치 들머리에 둔 하마비에서 비롯한 이름이니, 이제 옛 용인현에 든 셈이다. 예서 서울까지는 80리 길이 남았다. 이즈음에 이르니 이미 짧은 초겨울 해가 기울기 시작하여 길가의 가게에는 하나둘 불을 밝히기 시작한다.

옛길의 자취들

옛 용인의 중심지는 언남동과 구성 일원이어서 이곳을 구읍내라 부르기도 한다. 이곳의 구성초등학교가 바로 옛 용인현의 치소가 있던 곳인데, 동헌 자리를 학교가 차지하고 있는 것이다. 그 남서쪽 길가의 늙은 느티나무 아래에는 이곳이 옛 용인의 치소임을 일러주는 여러 기의 송덕비가 모아져 있고, 돌부처와 돌탑이 함께 자리하

구성초등학교 앞 미륵불

고 있는 이채로운 풍경을 연출하고 있다. 원래 이곳의 송덕비는 길가에 나란히 세워져 있던 것을 도로를 넓히면서 지금의 자리로 옮겼다. 송덕비가 뒤의 용화전을 향해 배알하듯 두 줄로 늘어서 있는 배치가 흥미롭다. 용화전 안에는 소박하게 새긴 미륵 부처가 모셔져 있고, 전각 옆에는 이곳에 흩어져 있던 탑재를 모아 세운 5층 석탑 하나가 자리하고 있다. 보아하니 탑과 부처는 서로 다른 시기에 다른 목적으로 세운 듯하다. 석탑은 원래 이곳에 있었던 획주사劃珠寺와 관련된 유물이고, 미륵 부처는 조선시대 후기에 유행한 미륵신앙과 관련한 것으로 볼 수 있기 때문이다. 그렇다면 이곳 용화전의 미륵부처는 옛길을 헤아리는 잣대가 될 수 있을 것이다. 이와 아울러 길가에 마주하고 있는 두 그루의 늙은 느티나무 또한 옛길이 이리로 지났음을 일러주는 노표일 가능성이 높아 보인다. 바로 북쪽 느티나무 둥치에 그 자취를 남긴 서낭당에서 그럴 가능성을 조심스럽게 읽을 수 있다.

구성에서 마북 삼거리를 향하는 길에는 저녁 어스름이 내렸다.

용인을 나서다

구성에서 마북의 삼거리을 지나면 옛길은 탄천炭川 가를 따라 곧게 북쪽을 향해 뻗어 있다. 이곳 삼거리는 옛 동래로와 통영로가 겹쳐서 지나면서 서울로 가는 길과 동래 통영으로 가는 길과 용인현으로 드는 길이 갈리는 곳이라 그런 이름이 남았다.

33

어스름 깔린 시간의 터널 너머엔 서울이 기다린다

오늘은 옛 용인현의 중심지인 구성을 지나 서울이 바라보이는 청계산 잘록이의 달래내고개까지 걷는다. 이즈음에서부터 옛길은 대체로 지금의 23번 국도가 덮어쓰고 있어 이 길과 비슷한 선형을 따라 서울 들머리까지 이른다. 지난해2011년 이곳을 지날 때도 지금과 비슷한 철이었다. 크리스마스를 앞둔 12월 중순경에 이곳을 지날 적에는 시간이 여의치 못해 밤이 깊도록 길을 걸어야 했다. 지난겨울 이맘때 제법 규모가 큰 어느 쇼핑센터 앞에서 늦게 합류한 길벗과 함께 자동차 불빛을 마주하며 서울을 향해 걸었던 기억이 새삼스럽게 떠오른다.

탄천

마북과 보정 즈음에서부터 옛길과 나란히 흐르는 탄천炭川은 용인시 기흥구 청덕리 수청동水青洞·물푸레울에서 발원하여, 북쪽으로 분당과 성남을 지나 35.6km를 흘러 서울 잠실에서 한강에 섞인다. 내의 이름은 조선 경종 때 남이 장군의 6대손인 탄수炭搜 남영南永이 살았던 마을인 숯골 또는 탄리성남시민회관 일원와 가까워 탄천이라 했다고 전한다. 헌종 임금 때인 1847년에 홍경모가 찬한 〈중정 남한지〉에는 "탄천은 낙생면에 있다. 원류가 용인의 석성산石城山에서 나와 서쪽으로 흘러 용인현 서쪽을 돌아 장장포莊莊浦가 되었다가 광교산을 지나 꺾여서 북쪽으로 흘러 낙생면을 거쳐 험천險川이 되고, 북쪽으로 흘러 들을 지나고 대왕면과 돌마면을 지나 삼전도三田渡로 들어간다"고 전한다.

탄천과 나란히 열린 통영로

탄천과 나란히 걷던 길은 한국철도공사 분당차량사업소를 지나 독정에서 풍덕천 다리를 건너면서 헤어지고, 새터말 북쪽에서 풍덕천이 흘러들어 몸집을 불린다. 풍덕천을 지나면서 옛길은 경부고속도로 서쪽으로 건너서 두 길은 나란히 북쪽으로 이어진다. 방축골을 지나 경부고속도로 상행선에서 마지막 남은 죽전휴게소를 거쳐 아랫손골에서 다시 동막천을 건너게 된다. 동막천은 옛 이름이 험천

險川인데 〈대동지지〉에는 달리 원천遠川이라고도 한다고 했다. 지금은 우리말 이름인 '머내'가 이즈음에 남아 있다.

낙생역

경부고속도로 서울요금소를 지나면 궁안이라 불리는 궁내동인데, 이곳에는 중종 임금의 다섯째 아들인 덕양군 이기李岐·1524~1581의 무덤이 있다. 그래서 그 서쪽 고개에는 능고개라는 이름이 붙었다. 이곳을 지나면 머잖아 백현栢峴이다. 우리말로는 잣고개 잿너머라 하는데, 이곳을 지나면 옛 양재도良才道에 딸린 낙생역樂生驛이 있던 곳이다. 아마 지금의 판교동 낙생마을 일원이 옛 역자리가 아닐까 싶다.

낙생역은 조선시대에 양재-천천현穿川峴-낙생역-구흥駒興·용인-김령金嶺·용인을 잇던 역으로 고려시대의 안업역安業驛이 조선시대에 이르러 그리 고쳐진 것이다. 〈신증동국여지승람〉 광주목 역원에 판교원板橋院과 같이 "주의 남쪽 45리에 있다"고 했다. 달리 돌마역突馬驛으로도 불렸는데, 〈여지도서〉에 돌마역으로 실려 있고, 〈광주부읍지〉 등의 지지에서는 "낙생역은 주의 남쪽 40리 돌마면突馬面에 있다" 한데서 그 유래를 헤아릴 수 있다.

너더리

역이 있던 곳은 널목판·木板로 놓은 다리가 있던 곳이라 '너더리' 또는 '널다리'라고도 했다. 그 이름은 옛날 운중천에 둔 널로 만든 다리에서 비롯했으므로 한자로 '판교板橋'라 적게 된 것이다. 〈신증동국여지승람〉 광주목 역원에 "판교원板橋院이 부 남쪽 45리에 있다"고 했으며, 〈해동지도〉에는 판교주막板橋酒幕, 〈조선지도〉에는 낙생면의 낙생역 자리에 판교역板橋驛이라 적어 두었다. 먼저 이 길을 걸은 이가 쓴 글에는 몇십 년 전까지만 해도 주춧돌과 느티나무 그루터기가 남아 원의 자취를 전하고 있었다고 하지만 지금은 찾을 수 없다.

이곳은 예로부터 교통의 결절지대라 갈림길이 발달해 있었고, 조선시대 천천산穿川山·천천령穿川嶺·월천현月川峴 봉수가 가까이에 있다. 낙생역이 있던 곳을 지나면, 삼거리三巨里인데 〈해동지도〉에는 이곳에 삼가주막三街酒幕·삼거리주막이 있다고 표기하였고, 지금도 판교 나들목이 자리하고 있어 예로부터 교통의 요충임을 알 수 있다.

천천현 봉수

너더리에서 금현동을 지나면, 그 서쪽으로 해발 170m가량 되는 평정봉에 천천현 봉수천림산(天臨山) 봉수라고도 함가 있다. 이 봉수는 부산 다대포 응봉에서 처음 보내는 제2거의 마지막 봉수로서 남쪽의 석성산봉수를 받아 목멱산봉수에 연결한다. 이 유적은 정밀지표조사와 발굴조사를 통해 현존 봉수 중 그 규모가 가장 크고 연조烟竈·굴뚝와 방호벽 및 담장이 옛 모습을 잘 간직하고 있어 경기도 문화재 제179호로 지정되었다. 봉수는 5개의 연조가 동-서 방향으로 나란히 배치되어 있고, 북쪽으로 서울의 남산목멱산·木覓山 봉수를 향하고 있다. 〈신증동국여지승람〉 광주목 봉수에 "천천현 봉수는 남쪽으로 용인현 보개산에 응하고, 북쪽으로는 서울 남산 제2봉수에 응한다"고 했고, 〈여지도서〉 광주 봉수에는 "고을 서남쪽 20리에 있다. 남쪽으로 용인 석성산 봉수의 신호를 받아서 북쪽으로 서울 목멱산 봉수로 신호를 보낸다"고 했다. 〈중정 남한지〉에는 이 봉수에 근무하였던 봉수군은 봉군烽軍 25명, 보保 75명이라 하였으니, 봉군 5명이 조를 이루어 5교대로 월평균 6일씩 근무하였음을 알 수 있다.

걸음이들은 때론 어두운 밤을 헤치며 걷다가 길을 묻기도 한다.

달래내고개

이 고개는 달이내고개 또는 주천현走川峴 월천현月川峴 천천현穿川峴이라고도 한다. 고개의 이름은 〈조선지도〉 등 고지도에 나오는 고개 동쪽의 천호천穿呼川에서 비롯한 것으로 보인다. 바로 지금의 탄천에 대한 옛 이름이 천호천인데, 그것은 달내를 한자의 뜻을 빌려 그리 적었다. 그러니 달래내고개는 고개의 이름으로 가까이에 있는 달내를 끌어와 붙인 이름인 것이다. 고개의 이름을 한자로 적은 주천 월천 천천의 앞 글자가 달릴 주走, 달 월月, 뚫을 천穿으로 한자의 음가는 다르지만 그 뜻은 모두 북쪽을 이르는 우리말 '달'을 표기하기 위해 훈차한 것이기 때문이다. 이런 지명은 전국적으로 적잖은 예가 알려져 있는데, 충주 달천달래강에서 이미 그런 예를 살펴본 바 있다. 이곳 달래내고개 또한 단지 모처의 북쪽으로 흐르는 내를 이르던 '달내'가 '달래다'는 동사로 읽히면서 '달래나보지' 유형의 근친상간 설화를 이끌어 낸 것으로 보인다.

이곳에 전하는 지명 유래설화는 이렇다. 옛날 이 마을에 '달아'와

'달오' 라는 남매가 일찍 부모를 여의고 서로를 의지하며 살아가고 있었다. 하루는 달오가 냇가에 빨래하러 나간 누나를 맞으러 갔을 때 갑자기 소나기가 퍼부었고, 동생을 보자 반가운 생각에 무심결에 일어난 달아는 비에 젖어 몸매가 고스란히 다 드러나 버렸다. 비에 젖은 누나를 보고 성적 충동을 느낀 동생은 부끄러움에 어쩌지 못하고 자신의 생식기를 돌로 찧어 죽고 말았다. 이를 안 누나는 자신의 조심스럽지 못한 행동이 동생을 죽게 만들었다는 죄책감에 '달래나 보지, 달래나 보지'하며 슬피 울다가 결국에는 나무에 목을 매어 자결하였다고 하여 이 고개를 '달래내고개'라고 부른다고 전해진다. 서사구조는 충주의 달천에서 본 바와 다름없이 근친상간에 대한 금기를 담고 있다.

그런데 이 글을 마무리하고 있을 즈음에 이와 같은 근친상간 금기를 무참히 깨어버린 살 떨리는 기사가 실렸다. 초등학교 때부터 친오빠로부터 성폭행을 당했다는 한 주부의 슬픈 이야기다. 달래나 보지 유형의 남매간 성적 결합 이야기는 거의 모두 그 직전에 근친임을 깨닫고 관계를 파기하는 것으로 결말이 난다. 간혹 동굴이라는 은밀한 장소를 이용하여 관계가 이루어지기도 하는데, 이 경우에는 벼락이 쳐서 남매가 하늘의 징벌을 받는 결말로 이어진다. 그것은 이야기가 전하고자 하는 메시지가 욕망보다 도덕을 중시하고 있기 때문이다. 이곳 달래내고개 설화에서 오늘날 우리가 새겨야 할 교훈도 바로 이런 게 아닐까 싶다.

34

통영로 종착지이자
통영별로 출발지에 섰다

계사년[2013년] 첫 나들이다. 지지난해 시작한 통영로 옛길 걷기가 이제 절반의 완성을 이루는 순간이다. 삼도수군통제영이 있던 통영에서 출발한 통영로 옛길걷기가 드디어 한양의 남대문에 도착하였다. 도착은 또 다른 출발을 전제로 하는 것이기에 다음부터는 호남 땅을 거쳐 오는 통영별로를 걸어서 내려올 계획이다. 조선시대 다른 모든 대로들이 하나의 노선을 유지했던 것과 달리 통영로는 별로[일로]를 따로 운용하고 있어서 그 길의 완성이 원점회귀로 귀착하는 것이라 통영로 옛길 살리기는 늘 새롭다. 오늘 계사년 첫 나들이에서 절반의 완성과 새로운 시작을 예고할 수 있어 더없이 좋은 출발을 맞게 되었다.

달내고개를 넘다

달[이]내고개를 넘으니 통영에서 시작한 길은 어느새 서울로 들어선다. 달내고개는 달리 달우내현[達于乃峴]이라 했으니 달우내는 달이내의 소리를 빌려 적은 것임을 알 수 있다. 이

달내고개를 내려서면서 본 원터 신원 일원

고개는 그 고도가 150m 정도로 높은 편이어서 수레가 다니기는 쉽지 않아 보인다. 실제 촌로들도 소나 말을 끌고 넘기도 했지만, 수레는 삼전도三田渡쪽으로 돌아 탄천炭川 가를 따라 고개 남쪽의 삼거리에서 통영로와 만났다고 전한다. 고개를 내려서면 옛골인데, 예전 이곳 농토는 도곡동의 독구리마을 사람들이 오가며 지었다고 한다.

달내고개를 사이에 둔 이 구간은 옛길의 정취가 잘 남아 있어 걷기에 더할 나위 없이 좋다. 조금 더 걸으니 원터마을에 닿는다. 이곳은 청계산 들머리에 있던 원이 북동쪽으로 옮겨가면서 그곳은 신원이 되고 옛 원이 있던 곳은 원터 또는 원지院趾라는 지명을 갖게 되었다.

이곳 원터마을은 휴일이면 청계산清溪山·618.2m을 찾는 등산객들로 무척이나 붐빈다. 이 산은 고려 때에는 청룡산青龍山이라 했다가 어느 때인가 이 산의 남서쪽에 있는 청계사淸溪寺와 같은 이름으로 바뀌었다. 마침 사진을 보완하러 이곳을 찾았을 때가 지난 대선 직전이었는데, 이곳을 찾은 등산객들을 대상으로 유세를 벌이느라 그런 난리법석이 없었다.

원터 돌미륵

이곳 원터마을에는 고려 말엽에서 조선 초기에 만들어진 것으로 헤아려지는 돌미륵을 모신 미륵당彌勒堂이 있고, 그 앞에는 아담한 크기의 삼층석탑이 서 있다. 서울시유형문화재 제93호로 지정 보호되고 있는 이 돌미륵은 아주 신비한 영험이 있다고 알려져 일제강점기에 일본으로 실어내려고 한 적이 있었다. 이 미륵에게 치성을 드리면 휘파람 소리를 내며 계시를 주었다는 영험담을 간직하고 있기 때문이다. 이런 까닭에 사람들이 미륵불의 영험을 믿고 계속 몰려들자 1926년 무렵에 일본 경찰들이 미륵불의 배꼽을 쪼아내었고, 그 뒤로부터 영험을 상실하였다고 전한다. 돌미륵은 지금도 정월 대보름이면 마을 사람들이 동제를 올리는 신앙의 대상이 되고 있다.

원터마을의 돌미륵을 모신 미륵당

이곳에서 옮겨간 신원新院은 원터마을 돌미륵에서 동북쪽으로

500m 정도 떨어져 있다. 〈대동지지〉에 기록되기 전에 이곳으로 원이 옮겨졌는데, 이 책에는 달내고개에서 예까지 10리이고 동쪽으로 조선 태종의 무덤인 헌릉獻陵이 5리 떨어져 있다고 나온다. 원터에서 신원을 지나 양재로 향하는 길은 비닐하우스 군락 사이로 곧게 뚫린 1차로 길이다. 이 길을 거의 벗어날 즈음에 있는 원지교에서 여의천如意川을 건너면서 동쪽으로 바라보이는 곳이 얼마 전 나라를 시끄럽게 했던 내곡동이다. 이곳을 벗어나면 전혀 다른 서울의 두 모습을 보게 된다. 지금까지의 길이 근교 농촌의 모습을 간직한 곳이었다면, 그 북쪽은 어느새 빌딩이 숲을 이룬 도심이다. 그곳은 바로 통영로 구간에 마지막 남은 양재역良才驛이 있던 양재동이다.

이곳에는 비석거리 말죽거리 역말 역촌 박석고개 등 옛길을 헤아릴 수 있는 지명들이 더러 남아 있다. 비석거리는 지금의 양재2동주민센터 부근에 있던 군수 길융수의 선정비에서 비롯한 이름이다. 말죽거리는 양재역 옛터의 남쪽에 있던 마방馬房으로 한양으로 들어가기 전 말에게 죽을 먹이던 곳이다. 역말과 역촌은 옛 양재역 자리를 일러 주는 이름으로 지금의 언주초등학교 일원이다. 박석고개는 고갯마루에 박석을 깐 데서 비롯한 이름인데, 옛 양재역과 가까운 고개로는 역 북쪽의 싸리고개가 있다. 아마 이 고개에 박석을 깔았던

원터마을의 돌미륵을 모신 미륵당

것으로 여겨지지만 지금은 고개의 자취조차 가늠하기 어렵다.

양재역

비석거리에서 양재천을 지나 역말에 있던 양재역은 고려시대에는 양재楊梓라 했는데, 조선시대에 이르러 12곳의 속역을 거느린 찰방역이 되어 양재도良才道를 관할하였다. 이곳과 관련한 역사적 사건으로는 '양재역 벽서壁書의 옥'으로 알려진 '정미사화'가 떠오른다. 이 사화는 명종 2년1547 9월 경기도 과천의 양재역에서 '위로는 여주女主, 아래에는 간신 이기가 있어 권력을 휘두르니 나라가 곧 망할 것'이라는 익명의 벽서에서 비롯한 옥사를 이른다. 이 사건은 익명의 벽서를 문제 삼았다는 절차상의 잘못이 많이 지적되는데, 네거티브 정치를 일삼는 지금의 우리 정치 현실과 그리 달라 보이지 않는다.

벽서에 나오는 여주는 남명 조식 선생이 단성현감을 제수받고 제출한 사직서인 단성소丹城疏에서 "자전께서는 생각이 깊으시기는 하나 깊숙한 궁중의 한 과부에 지나지 않고"라 표현한 문정왕후를 이른다. 이곳을 지나면 역삼동이다. 마을의 이름은 양재역이 있던 역촌말죽거리, 웃방아다리, 아랫방아다리를 합친 이름이다. 역삼동을 지나 한강으로 이르는 도중에 나오는 마을은 논현동이다. 논현은 논실로 가는 고개인 논고개에서 비롯한 이름인데, 에서 한강 근처까지 이어진 논에서 비롯하였으며, 강가의 신사동은 새말 신촌新村과 모래벌 사평沙坪을 합친 이름이다. 이곳 사평에는 원집인 사평원沙坪院이 있었고 한강을 건너는 나루인 사평도沙坪渡가 있던 곳이다.

한강을 건너다

나루터는 조선시대에 이르러 한강도漢江渡 또는 한강진漢江津이라 불렸는데 지금의 한남대교 남단 즈음이 그 자리다. 바로 이곳이 〈대동지지〉에 나오는 경도에서 10리 거리인 한강진이며, 곧 서빙고진西氷庫津이라 한 곳이다. 그런데 서빙고는 반포대교와 동작대교 사이에 있으므로 조선시대 후기에 이르러 남대문에서 남산을 끼고 돌지 않고 곧장 남쪽으로 질러가기도 했던 모양이다.

이 강을 건너야 비로소 조선의 경도인 한양에 든다. 지금이야 강남이 신도시라 살기가 좋다고 하지만 조선시대에는 강북이 진정한 중심지였다. 한양漢陽이란 이름도 한강의 북쪽이란 의미를 담고 있을 정도이니 말이다. 한강을 건너 한남동 남쪽의 보광동으로 들면 예서부터 각 나라의 대사관을 여럿 지나게 된다.

이태원을 지나 숭례문에 닿다

이태원梨泰院은 원집이 있던 곳인데, 조선 초기에는 조선국왕의 성과 같은 이태원李泰院이라 했다. 임진왜란 뒤 귀화한 일본인들이 모여 살면서 이타인李他人 또는 이태원異胎院이라 했는데 여기에는 임진왜란과 병자호란을 겪으면서 부녀자들이 당한 슬픈 역사가 서려 있다. 그러다가 조선 효종 임금 때에 배나무를 많이 심은 뒤부터 지금의 이름을 갖게 되었다. 어쨌든 이타 또는 이태에 얽힌 이름 때문인지 이곳에는 한국전쟁을 거치면서 미군이 주둔하게 되었고 지금은 외

복원된 숭례문 ©문화재청

국 관광객들이 즐겨 찾는 관광 명소로 자리 잡았다.

이태원을 지나면 해방 이후 귀국한 교포들에게 살 곳을 내어준 해방촌이다. 이곳을 지나 후암동 동쪽 남산에는 목멱산 봉수가 자리하고 있는데, 제2거 노선을 따라 우리와 줄곧 길동무를 해 왔던 봉수가 그 소임을 다하는 곳이다. 동쪽으로 남산을 바라며 걷던 길은 힐튼 호텔을 지나면서 조선의 도성이 바라보인다.

지금이야 빌딩이 들어서면서 옛 경관을 헤아리기도 어렵게 변했지만 예전에는 이즈음에서 도성의 남쪽 대문인 숭례문이 한눈에 들었겠다. 숭례문은 2008년 이즈음의 방화로 소실되어 지금 복원 작업이 한창 진행 중인데, 지난 연말에 공개한 바에 따르면 성벽 복원을 포함하여 전체 공정의 95%가 완료되어 머잖아 그 웅장한 자태를 드러내게 될 것이다. (2013년 5월 4일 복원된 숭례문이 공개되었다.)

통영로 옛길 걷기를 마치고

이미 대여섯 해 전에 걸었던 길에 대한 기억을 다시 불러내어 글을 다듬는 일은 그때의 감동을 되살려 준다. 그리 길지 않은 시간이지만 그사이 많은 일이 있었다. 그만큼 세상이 변하는 속도에 가속이 더해졌음이다. 남대문을 거쳐 경성에 입성했을 당시 복원이 막바지에 이르렀던 남대문은 2013년 봄에 제 모습을 찾아 당당하게 그 자리를 지키고 있다.

통영로 옛길에 첫걸음을 내디딘 지 여섯 해가 더 지나는 사이, 그때부터 서서히 통영으로 모여들던 나들이객들로 요즘 통제영 주변은 사람의 물결로 넘쳐난다. 주말이면 온 시내가 북적거리고 통제영과 동서포루가 있는 동피랑 서피랑 쪽과 그 아래 시장은 그야말로 문전성시를 이룬다. 겉으로야 동피랑에 그린 벽화가 사람들을 불러 모은 것으로 알려져 있지만, 통제영에서부터 비롯한 역사가 바탕이 되지 않았다면 이렇게까지 성세를 이어가기는 어려웠을 것이다. 이즈음 하나둘 제자리를 잡아가는 통제영 복원도 통영을 찾는 사람들이 느끼고 누릴 수 있는 거리를 더한 셈이다. 그래서 과거의 문화유산을 현재와 미래의 문화자원이라 하는 것이다.

우리가 경남을 벗어나 경북 성주 즈음에 이르렀던 2012년 봄, 통제영의 바깥 출입문에 해당하는 원문 마을에서 고성현감을 지낸 오횡묵의 선정비가 발견되었다. 2014년 늦은 가을에는 '통제사길'에서 땅속에 묻혀 있던 전의全義 이문李門 출신 통제사들의 선정을 기린 빗돌 십 수기가 드러나 세인의 눈이 쏠리게 했다. 이처럼 통영로는 스스로 그 존재를 드러내기 위해 우리에게 신호를 보내오고 있다. 신문 연재 이후 이 신호에 대응할 방법을 찾던 중 당시의 기사를 묶어 거기에 답하기로 한 것이 이 책이다.

그간 영남대로동래로나 삼남대로를 걷고 책으로 묶여 나온 적은 여럿 있는 것으로 알고 있다. 우리나라에 공부하러 온 일본인 도도로키 히로시가 영남대로와 삼남대로 전 구간을 걷고 〈일본인의 영남대로 답사기〉(2000)와 〈도도로키의 삼남대로 답사기〉(2002)를 낸 뒤, 이런 책의 출간이 뒤따랐다. 도도로키와 비슷한 시기에 영남대로를 걸은 허대찬의 〈아리랑 로드〉(2003), 김재홍 송연 부부의 영남대로 삼남대로 답사기인 〈옛길을 가다〉(2005), 신정일의 〈영남대로〉(2007)와 〈삼남대로〉(2008), 양효성의 죽령로 답사기 〈나의 옛길탐사일기〉(2009) 등의 전통시대 교통로 답사기가 이어져 나왔다.

21세기를 바라보는 시점부터 10년 동안 옛길 답사가 바람을 일으키며, 그 성과물이 적잖이 나왔지만 그 뒤로 옛 교통로에 대한 기록물의 출간이 뜸하다. 그럼에도 걷기 바람은 아직도 여전하여 길에 관한 책의 출간은 계속 이어져 오고 있다. 이런 차에 필자의 이 작은 책의 출간이 10년 가까이 뜸했던 옛길 복원의 불씨를 되살릴 수 있기를 바란다.

이제 통영로 걷기를 마치고 다시 통영별로의 출발점에 섰다. 이 길에도 통영로 만큼의 역사가 같이 할 것이다. 정조 임금의 능행로와 삼남으로 향한 유배길이 이 노정에 함께 할 것이다. 빠른 시간 안에 통영별로를 정리하여 다시 만날 것을 약속드리며….

참고 문헌

고문헌

경산지
경상도지리지
경상도속찬지리지
고려사 지리지
고성총쇄록
광주부읍지
대동지지
동국여지지
매천야록
무릉지
삼국사기 지리지
삼국유사
상산지
선조실록
성산지
세조실록
세종실록지리지
신증동국여지승람
여지도서
영남역지
우해이어보
일본서기
자여도역지
중정 남한지
택리지
한강선생봉산욕행록
함주지
칠원현읍지
호구총수

고지도

대동여지도

조선도

조선지도

조선후기지방지도

청구도

해동지도

단행본

강병윤, 1996, 〈고유지명어 연구〉, 박이정

강판권, 2010, 〈역사와 문화로 읽는 나무사전〉, 글항아리

권상노, 1960, 〈한국지명연혁고〉, 동국문화사

권선정 외, 2011, 〈지명의 지리학〉, 푸른길

권혁재 저, 1994, 〈한국지리〉, 법문사

국립중앙박물관, 1998, 〈광복이전조사유적유물미공개도면〉

김기빈, 2001, 〈국토와 지명, 그 특별한 만남〉, 한국토지공사 토지박물관

김기빈, 2003, 〈국토와 지명2, 그 땅에 빛나는 보배들〉, 한국토지공사 토지박물관

김기빈, 2004, 〈국토와 지명3, 땅은 이름으로 말한다〉, 한국토지공사 토지박물관

김동진 지음, 2017, 〈조선의 생태환경사〉, 푸른역사

김봉우, 2006, 〈경남의 옛길, 옛길의 문화〉, 집문당

김용만 지음, 2013, 〈세상을 바꾼 길〉, 다른

김의원, 1982, 〈한국국토개발사연구〉, 대학도서

김재홍·송연 지음, 2005, 〈옛길을 가다〉, 한얼미디어

김주홍 지음, 2007, 〈한국의 연변봉수〉, 한국학술정보[주]

김주홍 지음, 2011, 〈조선시대 봉수연구〉, 서경문화사

김하돈, 1999, 〈마음도 쉬어가는 고개를 찾아서〉, 실천문학사

나카오 히로시 지음/손승철 옮김, 2012, 〈에도 일본의 성신외교 조선통신사〉, 도서출판 소화

남인희, 2006, 〈남인희의 길 이야기〉, 삶과 꿈

다비드 르 브르통 산문집/김화영 옮김, 2002, 〈걷기예찬〉, 현대문학

도도로키 히로시, 2000, 〈일본인의 영남대로 답사기〉, 한울

도수희, 2009, 〈한국지명 신연구〉

동아지도, 2005, 〈초정밀 1:50,000 지도〉, 랜덤하우스 중앙
문경새재박물관, 2002, 〈길 위의 역사 고개의 문화〉, 실천문학사
박이문, 2003, 〈길〉, 미다스북스
박창희 지음, 2012, 〈지혜의 옛길 영남대로 스토리텔링〉, 해성
배우리, 2006, 〈배우리의 땅이름 기행〉, 이가서
서영일 저, 1999, 〈신라 육상 교통로 연구〉, 학연문화사
서울특별시사편찬위원회, 2006, 〈서울의 길〉
손승철 지음, 2006, 〈조선통신사 일본과 통하다〉, 동아시아
신부용/유경수, 2005, 〈도로 위의 과학〉, 지성사
신정일, 2007, 〈영남대로〉, 휴머니스트
안태현, 2012, 〈옛길, 문경새재〉, 대원사
안휘준 책임감수, 1988, 〈한국의 미19, 풍속화〉, 중앙일보사
양효성, 2009, 〈나의 옛길 탐사일기〉, 박이정
원경열 저, 1991, 〈대동여지도의 연구〉, 성지문화사
유재영, 1982, 〈전래지명의 연구〉, 이회문화사
이덕수, 2100, 〈한국 건설 기네스(I) 길〉, 보성각
이정용, 2002, 〈한국 고지명 차자표기 연구〉, 경인문화사
이종봉 저, 2001, 〈한국중세도량형제연구〉, 혜안
장국종, 2012, 〈조선 교통운수사 (고대~중세편)〉, 사회과학출판사
장순하 외, 1981, 〈한국도로사〉, 한국도로공사
전주이씨대동종약원, 1999, 〈조선의 태실〉
정영신, 2012, 〈한국의 장터〉, 눈빛
조병로, 2002, 〈한국역제사〉, 한국마사회 마사박물관
조병로, 2005, 〈한국근세 역제사연구〉, 국학자료원
조선통신사문화사업회, 2005, 〈조선시대 통신사 행렬〉
조지프 A. 아마토 지음/김승옥 옮김, 2006, 〈걷기, 인간과 세상의 대화〉, 작가정신
주영하·전성현·강재석, 2003, 〈사라져 가는 우리의 오일장을 찾아서 -경상남도·경상북도·부산·대구 편-〉, 민속원
한글학회, 1980, 〈한글학회 지은 한국지명총람〉
최기숙 외, 2007, 〈역사, 길을 품다〉, 글항아리
최영준, 2004, 〈한국의 옛길 영남대로〉, 고려대학교 출판부
최운식, 1994, 〈한국의 육상교통〉, 이화여자대학교 출판부
최인훈, 2005, 〈길에 관한 명상〉, 솔과학
최헌섭, 2010, 〈자여도〉, 한가람

프레데리크 그로 저/이재형 역, 2014, 〈걷기, 두 발로 사유하는 철학〉, 책세상
한일공통역사교재 제작팀 지음, 2005, 〈조선통신사 -도요토미 히데요시의 조선 침략과 우호의 조선통신사-〉, 한길사
한정훈, 2013, 〈고려시대 교통운수사 연구〉, 혜안
한태문 지음, 2012, 〈조선통신사의 길에서 오늘을 묻다〉, 도서출판 경진
허대찬, 2003, 〈아리랑 로드〉, 수문출판사
허우긍·도도로키 히로시, 2007, 〈개항기 전후 경상도의 육상교통〉, 서울대학교출판부

보고서

경남문화재연구원, 2005, 〈함안 칠원읍 도로개설구간내 칠원읍성〉
경남발전연구원 역사문화센터, 2005, 〈함안 봉성리유적〉
경남발전연구원 역사문화센터, 2008, 〈진동유적Ⅰ〉
안동대학교박물관, 1995, 〈유곡동〉, 문경시
안동대학교박물관, 2004, 〈문경새재 지표조사 보고서〉, 문경시
중앙문화재연구원, 2006, 〈문경 돌고개 주막거리〉, 문경시

논문

김종혁, 2004, 조선후기의 대로, 〈역사비평〉69, 역사비평사
장용석, 2006, 신라 도로의 구조와 성격, 〈영남고고학〉38, 영남고고학회
최헌섭, 2001, 대현관문석성고, 〈경남발전〉통권 제53호, 경남발전연구원
최헌섭, 2006, 경남의 역과 그 길, 〈부대사학〉제30집, 부산대학교사학회
최헌섭, 2007, 창원대도호부권의 고대교통로, 〈천마고고학논총〉, 석심정영화교수 정년퇴임기념 논총 간행위원회
최헌섭, 2009, 부산·경남의 옛길, 〈우리 역사와의 소통과 교통로〉, 부산대학교박물관
최헌섭, 2009, 경남의 옛길, 〈길과 건축〉, 부산대 건축역사이론연구실